JN143421

バングラデシュ 砒素汚染と闘う村

シャムタ

モンジュワラ・パルビン 著
松村みどり 訳

海鳥社

本扉写真・アジア砒素ネットワークによる村人への啓発活動

はじめに

モンジュワラ・パルビン

バングラデシュはインド亜大陸のデルタ地帯に位置する国です。国の三方をインドに囲まれていて、南西の海岸沿いにはシュンドルボンと呼ばれるマングローブの森が広がり、その先はベンガル湾に続いています。国全体の面積は、日本の約四〇%にあたる一四万七五七〇平方キロメートル。その小さな国におよそ一億六千万人が住み、首都のダッカには約一六〇〇万人が住んでいます。

大小の川や水路、ハオルと呼ばれる雨季に出現する湖や湿地帯、水田、海など、バングラデシュにはさまざまな様相の水風景が広がっています。それに加え、豊穣な大地や緑に茂る森林も見られます。南東郡の街コックスバザールには、とても長い海岸があり、毎年たくさんの観光客が訪れます。北東部のシレット管区には大きなお茶農園があり、マドブクンドの滝と呼ばれる、平坦なバングラデシュでは珍しい滝もあります。それに、なんといってもポッダ川（ガンジス川）、ジョムナ川（ブラマプトラ川）、メグナ川が合流し、河口へと流れていく様子は息を飲むような美しい光景です。夕日が傾く時間に川のほとりに立って流れを眺めていると、どこか遠くへ行きたくなるような感傷的な気持ちになります。

シュンドルボンには、シュンドリ（スンドリ）、ゴラン（ヒルギ科の植物）、ケオラ（ハマザクロ）などのマングローブの木々の他に、無数の樹木が生えています。さまざまな希少な野生動物が生息しており、陸地にはベンガルトラをはじめ鹿や猿など、水の中にはワニやサメ、川イルカなどがいます。魚の王様、黄金のイリッシュ魚（ニシン科で、人々に好んで食されるバングラデシュの国魚）も忘れてはいけません。

バングラデシュの公用語はベンガル語で、約六〇％の人々が学校教育を受けており、読み書きができます。平均個人所得は年間一四〇〇ドルです。およそ九〇％の人々がイスラム教を信じています。季節は六つに分かれていて、主な農作物は米、ジュート、小麦、じゃがいも、サトウキビ、豆などです。日本とバングラデシュの関係はとても友好的で、日本はバングラデシュの経済発展における最大の援助国です。近年では相互貿易も盛んに行われています。バングラデシュでは縫製業が盛んになって、衣類や革製品を多く輸出しています。

バングラデシュを訪れた人は誰でも、この美しくエネルギーに満ちた土地に魅了され、何度もまた訪れたくなることでしょう。

バングラデシュ南西部に位置するジョソール県のシャシャ郡バガチャラ・ユニオンに、シャムタという伝統的な村があります。私の生まれ育った村です。ジョソール県の県庁所在地であるジョソール市から三五キロほど離れています。ジョソール市からハイウェイに乗り、ナバロンというところで左手に入って行くと、地元政府によって作られた舗装道路につながります。その道を七キロほど進むと、シャムタ村に到着します。かつてシャムタはとても辺鄙（へんぴ）な村でした。舗装された道がなく、雨季になると道がどろどろになって往来が困難になったものです。今では交通の便もだいぶ良くなりました。ジョソール市から自家用車なら一時間で、バスなら一時間半で村に来ることができます。

村の東側にベトラボティ川が流れています。この川はコボタック川の支流で、さらに下流でマロンチョ川となってベンガル湾に注ぎます。以前この川は流量が多く、とても荒れていましたが、今は夏になると水が涸れて、ひび割れた川底が見えるほどです。

村の西側には舗装された道路が延びています。この道はジョソール市から始まり、シャムタからさらに南下してシュンドルボンの入り口のシャトキラ県シャムナゴール郡ムンシゴンジ・ユニオンまで続いています。村の北側と南側には地平線まで続く田畑が広がっていて、稲作の時期になると見渡す限りの緑色のカーペットに覆われます。まるで、神が自分の手で描いたような美しさです。

二〇一一年の統計によると、シャムタ村の人口は四〇七〇人で、そのうち二〇三四人が男性、二〇三六人が女性です。二十歳以下の人口は一七〇四人となっています。現在、村にはモスクが八つ、マドラサ（イスラム教宗教学校）が一校、孤児院が一つ、初等学校が二校、中等学校が一校、イード・ガー（モスリムの礼拝広場）が一か所、郡病院の支所が一か所、そしてヒンドゥー教の寺院が一つあります。ジャムトラ・ミスティという有名な菓子店もあります。村人の職業はさまざまで、鍛冶屋、素焼き職人、猟師、織物職人、農夫、日雇い労働者、そして小さな店を商っている者や、公務員、会社員などです。ほとんどがイスラム教徒ですが、ヒンドゥー教徒も数は少ないながらも自分たちの生活様式や文化を守り、独自の宗教儀礼を行っています。人々は互いに助け合い、生活の苦難や喜びを分かち合っていました。

神から祝福されていたシャムタ村でしたが、ある謎の不治の病が、村人に終わりのない苦しみをもたらしました。長い間、病の正体が明かされることはなく、村人たちはこの病の原因を神の天罰か悪魔の呪いであると考え、恐怖に震えて暮らしていました。この病によって多くの村人たちがすべてを失い、なすすべのない困窮した生活を強いられることになりました。彼らの姿は誰の目に止まることもなく、彼らの声は誰の耳にも届きませんでした。ただ泣き叫ぶ声がシャムタ村に響きわたり、あたりの空気を重くしただけでした。近隣の医師たちは病人たちを診察しましたが、病の原因を突き止めることはできませんでした。村中で次々と死人が出ていく、そんな時代がありました。

一九九六年の九月に、保健・家族・福祉省に所属する国立予防社会医学研究所がはじめてこの病に関心を抱きました。それから調査や研究を重ね、この病の原因を突き止めます。時を同じくして日本のＮＧＯがバングラデシュを訪れ、同じ目的を持った二つの組織は共に調査と対策に取り組むことになりました。シャムタ村およびジョソール県のいくつかの地域と、隣接するシャトキラ県で、少しでも患者の苦しみが和らぐよう、さまざまなプロジェクトが計画されました。

一九九七年、プロジェクトの実施にともない、私はそのNGOの一員として働くことになりました。この仕事を通して、私はたくさんの患者に出会う機会を得ました。今日まで休むことなく患者に寄り添い、彼らを支援してきました。そして、患者が亡くなるたびに涙を流してきました。私は自分の命が続く限り、彼らに寄り添い、彼らと共にその病気と闘っていきたいと思っています。

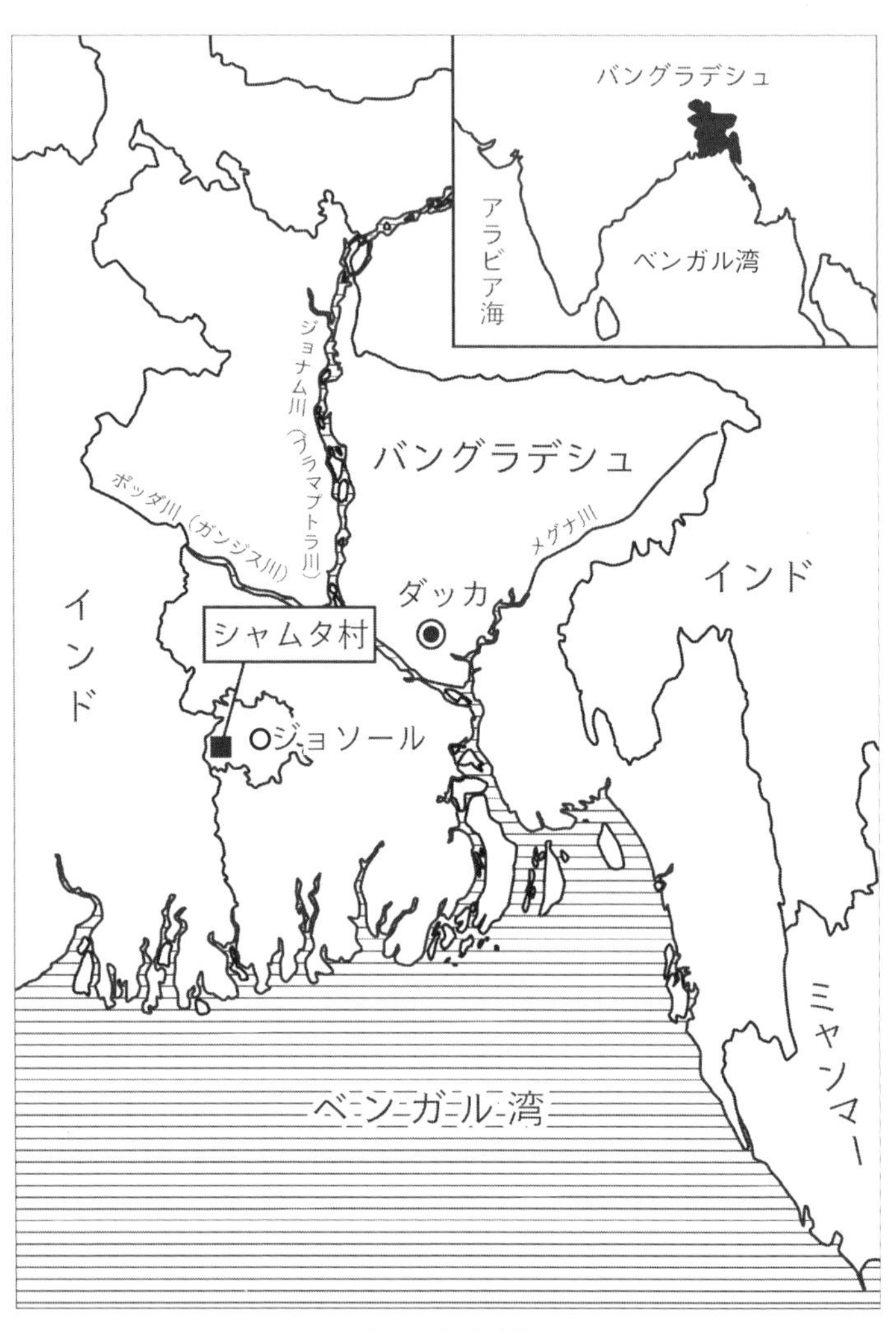
バングラデシュ
アラビア海
ベンガル湾
ジョナム川（ブラマプトラ川）
バングラデシュ
ポッダ川（ガンジス川）
メグナ川
ダッカ
インド
シャムタ村
インド
ジョソール
ミャンマー
ベンガル湾

シャムタ村

バングラデシュ　砒素汚染と闘う村　シャムタ◉目次

第三章　シャムタから土呂久へ ……… 70

第四章　患者支援 ……… 110

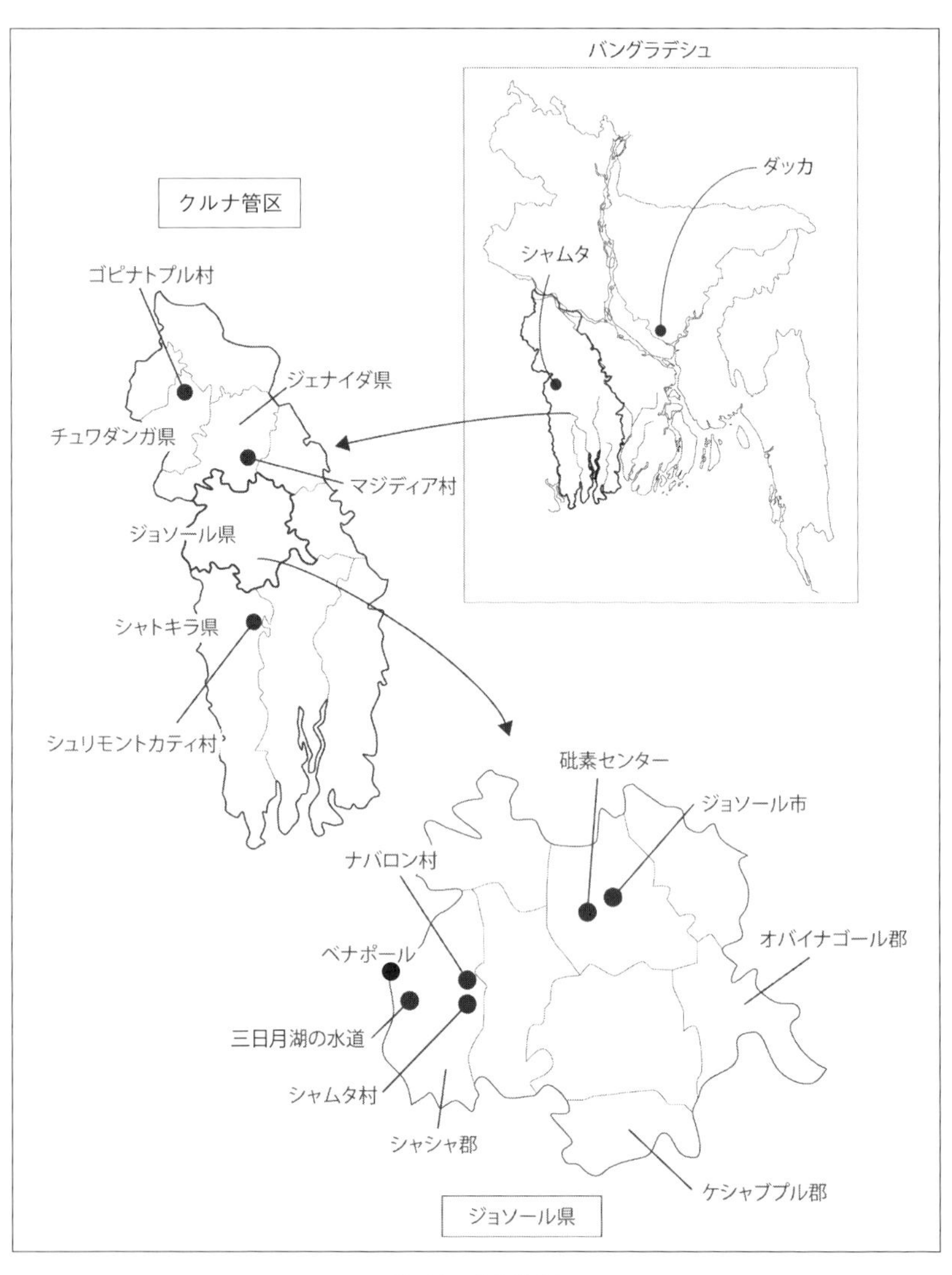
バングラデシュ
ダッカ
シャムタ
クルナ管区
ゴピナトプル村
ジェナイダ県
チュワダンガ県
マジディア村
ジョソール県
シャトキラ県
シュリモントカティ村
砒素センター
ジョソール市
ナバロン村
オバイナゴール郡
ベナポール
三日月湖の水道
シャムタ村
シャシャ郡
ケシャブプル郡
ジョソール県

著者の活動地

バングラデシュ 砒素汚染と闘う村

シャムタ

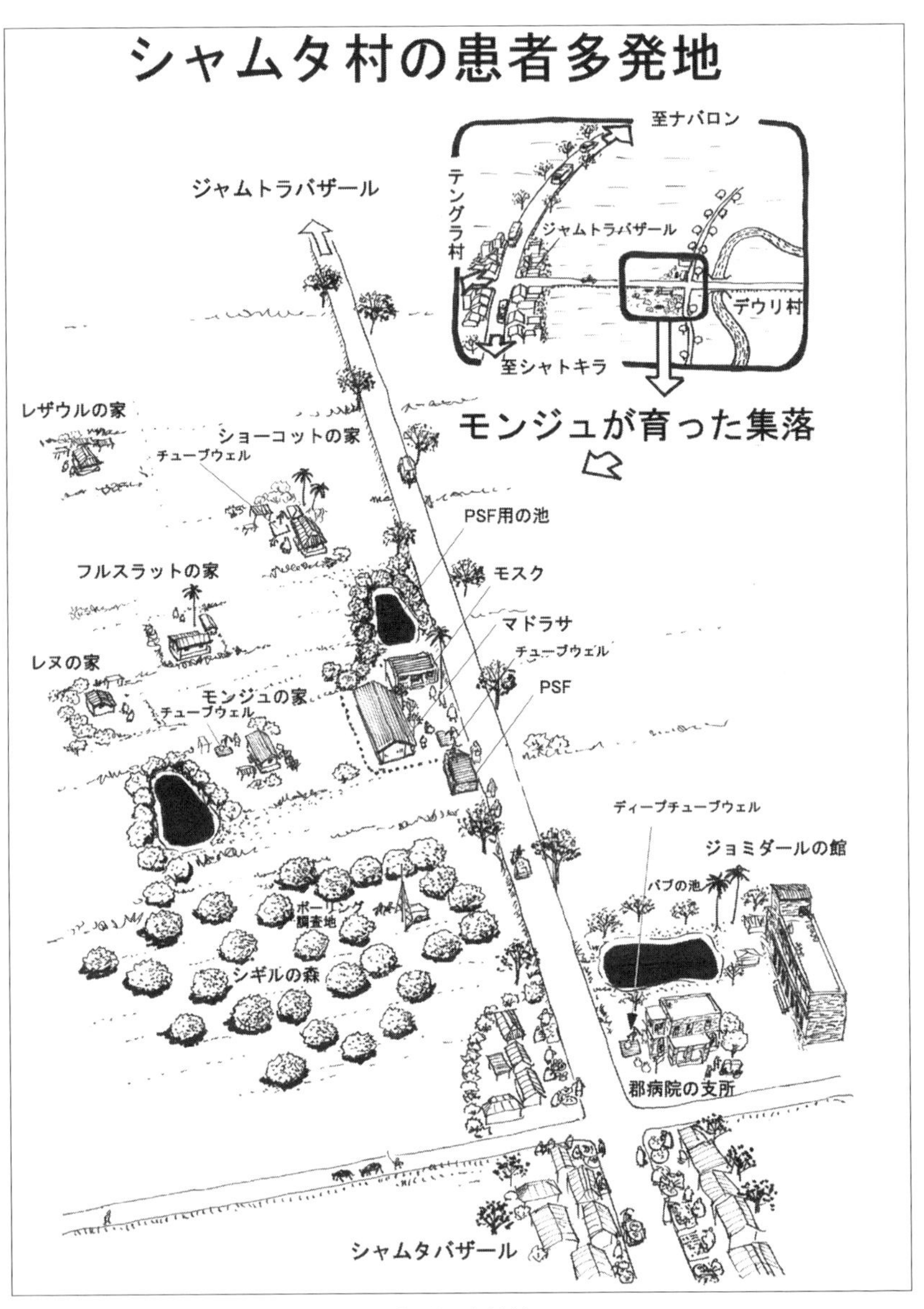

作画・高村哲
モンジュは著者・モンジュワラ・パルビンの愛称

第一章　不治の病

ショウコットの母

私の子供の頃の話です。一九八〇年代の初めだったでしょうか。ある昼さがり、母が急いでどこかに向かって歩いて行くので、私も後ろからついて行きました。母がどうして急いでいるのか分かりません。わけを尋ねると、母は苛立ってこう言いました。

「お化けを見に行くのよ。遅れたら、お化けが消えてしまうわ」

お化けがいると聞いて、私は怖くなりましたが、母を追いかけました。

私の家から一八〇メートルほど離れたところに、ショウコットの家があります。そこまで来ると、大きな人だかりが目に入りました。私は人に聞かれないような小さな声で、「お化けはどこ?」と、母に尋ねました。すると母は、ショウコットの母親を指さします。私は思いがけない答えにカッとなって言い返しました。

「お化けはどこ？　あの人はショウコットのお母さんでしょ」

本物のお化けが見られなかったことに、私は心の中でがっかりしました。しかし、ショウコットの母親を見るために集まってきた人たちは、ショウコットの母親のことを「お化け」と呼んで、口々に噂話をしています。ショウコットの母親は呪われていて、謎の恐ろしい皮膚病にかかっている、と。

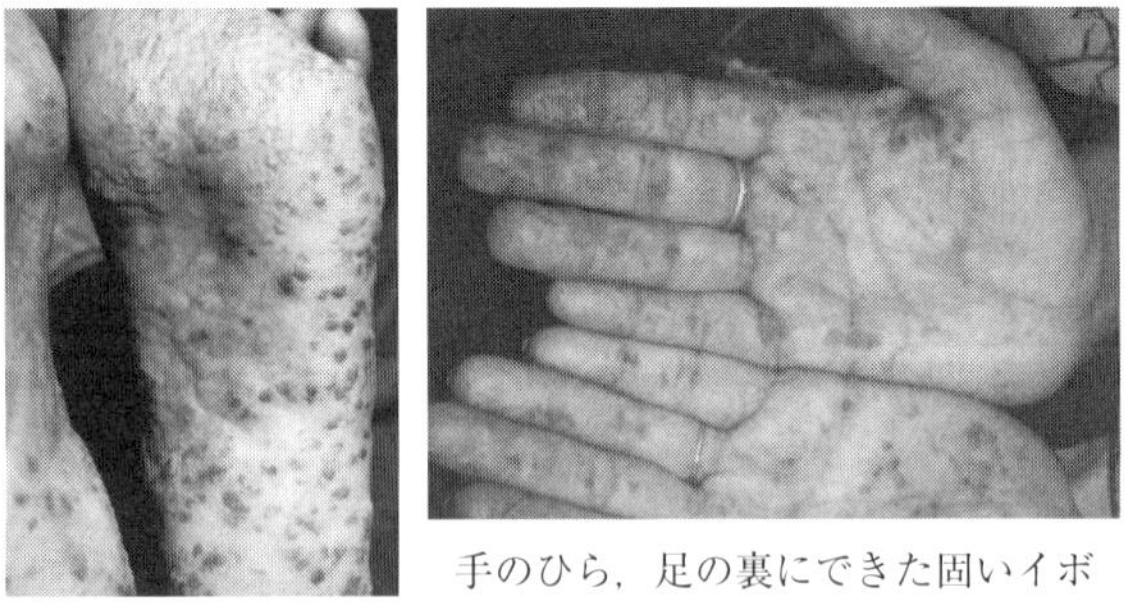

手のひら，足の裏にできた固いイボ

　私の母が言うには、ショウコットの母親の身体に黒いぶつぶつとした斑点が現れて、手の平や足の裏に固いイボができているそうです。ショウコットの母親だけではありません。そのパラ（集落、シャムタ村には八つのパラがある）には、他にも数人の病人がいました。中でもショウコットの母親の病は、外から見てもはっきり分かるほどひどい状態だったのです。だから、村人たちはショウコットの母親のことを「お化け」と呼んでいたのでした。

　手のひらや足の裏がごつごつと固くなり、ぶつぶつとしたイボのようなものができ、首もとや背中や手足に黒い斑点が浮き上がる、そんな謎の病が村人たちを震えさせました。みな、病気がうつったり遺伝したりすることを怖れていました。ショウコットの母親がこの村にいると、この病が広がってしまうかもしれない。ショウコットの父親は、そうした村人の噂を気にしていました。そして、村人の不安を聞き入れて、とうとう妻と離婚してしまったのです。かわいそうなショウコットは、母親と離れて暮らさなくてはなりませんでした。

人々はこの謎の病の原因を、神の天罰、災い、はたまた呪いのせいだと考えました。人々は信心深く、また同じように迷信的でもありました。バングラデシュの小さな辺境の村シャムタに住む人々を、謎の病が苦しめ始めたのです。

モスクに跪いた女性

ショウコットの家に「お化け」を見に行ってから一、二年経った頃のことです。アシャル月（雨季の始まりの月。六月中旬から七月中旬）がやってきて、雨がぱらぱらと降り始めました。毎日、黒い雲が空を覆います。雨季になり、道は泥だらけです。雨のせいでみな足を速めています。雨季の典型的な光景です。

毎日雨が降り続き、池も川もどこもかしこも雨に流される光景は、息を飲むほど素晴らしいものです。私は家の軒下に座ってそわそわしていました。外に飛び出して思いきり雨に打たれたい気分です。バングラデシュの女の子たちはみな、雨の中、外に出てはしゃぐのが好きなのです。私は父にそれを禁じられていましたが、それでもチャンスを狙っていました。そして、隙を見つけて誰にも言わずに家の外に抜け出しました。

何人かの友達が雨の中で遊んでいました。そこに一人の女性がやってきて、モスクの方に走って行きます。私は彼女のあとについて行きました。彼女はモスクの前に跪き、大きな声で叫び始めました。両手を前に出して、アッラーに祈り始めたのです。

「ああ、アッラー、どうか私の病を治してください。どうか私を救ってください。私は死にたくない。どうか生きさせて！」

私は彼女のことを知っていました。シャヒダの義母です。彼女が泣き叫ぶのを見ていたら、私の目にも涙が浮かんできました。でも、涙に雨が混ざって、私が泣いていることは誰にも悟られませんでした。

帰り道、もう誰も外で遊んでいませんでした。家に帰ると、父が私の濡れた服を見て、「どこへ行っていたんだ？」と聞きました。私は父の質問には答えず、じっと床を見つめていました。胸がちくちくと痛み、心臓が圧迫されるようでした。

その女性は数か月後に死んでしまいました。彼女の最期の姿を見に行くと、遺体は白い布に覆われていました。アッラーは彼女の叫びを聞かなかったのでしょう。シャヒダの義母は家族や友達、近所の人々みなを残して、あの世へと旅立ってしまいました。

家に帰って、私は父に以前目にした彼女の祈る姿について話しました。父は何も言わずに、深いため息をつきました。その日以来、私の胸の中には得体の知れない悲しみが棲みつくようになりました。

風に運ばれた口上

ムリ（炒り米）売りのシャッタルの家の前には、瓜を育てるための竹の柵があり、そこに小さな瓜がぶら下がっていました。その隣にはヤシの木が一本立っていて、その下で、シャッタルの妻が忙しそうにムリを炒っています。隣では小さな娘が窯に焚き木をくべています。そしてシャッタルの妹が、ざるを抱えて待っています。炒ったムリをざるでふるいにかけて砂や埃を取り除くのです。

私はムリを炒るのを見るために、家を飛び出したものです。ムリを炒るとき、シャッタルの妻は素焼きの壺と素焼きのふるいを使っていました。毎日毎日ムリを炒り続ける彼女に、私は同情したものです。ムリを作るのは簡単な仕事ではないからです。まず、米を塩と一緒に蒸してから、それを天日干しにします。そして、大きな壺で熱した砂と一緒にムリを炒るのです。

シャッタルの妻がムリを炒っている間、私たちは列になって並んで待ちました。炒りたての温かいムリはとてもおいしいのです。ムリを受け取ると、すぐに私たちは駆け出し、シャッタルの真似をして「ムリ・ニベ・ムリ、ゴロム・ゴロム・ムリ（ムリだよ、ムリ。熱々のムリだよ）」と口ずさんだものです。

そんな私たちに出くわすと、シャッタルは恥ずかしさのあまり顔を赤く染めました。謎の病

シャムタ村の水田（1997年３月）

のせいで、シャッタルは枯れ木のように痩せ細っていました。シャッタルは恥ずかしそうに笑って私たちに言いました。

「俺がいなくなっても、お前たちの中に俺の口上が生き続けると思うと嬉しいよ」

　そしてガムチャ（手ぬぐい）で汗を拭きました。シャッタルは日々の苦悩を胸に秘め、両肩に大きな荷を背負っていました。二つの大きな籠を背負い、一日中、村から村を練り歩いてムリを売るのです。ムリを売ったお金で家族を養っているのです。

　私は毎日ムリを買うのを楽しみにしていました。お米がとれる限り、シャッタルのムリ売り口上が続くものだと思っていました。

「ムリ・ニベ・ムリ、ゴロム・ゴロム・ゴロム・ムリ」

　長い年月、シャッタルは謎の病に苦しんでいました。あるとき、何日もの間シャッタルの口上が聞こえてこないので、私は母に理由をたずねました。母が言うのには、シャッタルの足が壊疽（えそ）にかかってしまって手術をしたので、今は家でムリを売っているとのことでした。そして数日後、またおなじみの口上が聞こえてきたのです。

「ムリ・ニベ・ムリ、ゴロム・ゴロム・ムリ」

だから私は、シャッタルは元気になったのだと思って安心していました。

ところが、ある日突然、シャッタルが亡くなったとの知らせがありました。家に行くと、以前と変わらず瓜棚に小さな瓜がぶら下がっていました。ヤシの木も静かに立っています。その日は木の下でムリを炒る音はしていません。ただ、白い布に覆われたシャッタルの動かない身体が横たわっているだけでした。私の目から涙がぽたぽたと落ちてきます。遠くから、風に乗って、「ムリ・ニベ・ムリ、ゴロム・ゴロム・ムリ」というシャッタルの声が聞こえてくるようでした。

仲間はずれの友達

三十五歳のキタブ・アリは、ベッドに横になり、自分に残された日々を数えていました。この頃にはシャムタの多くの村人の胸や背中に黒い斑点が現れ、手の平や足の裏に固いイボのようなものができていました。咳が出て、呼吸が苦しくなり、皮膚癌や肝臓癌、足の壊疽に苦しむ者もいました。それでも、病を抱えた村人は日々をどうにか生きていたのです。次々と村人の命を奪っていく謎の病に、とても怯えながら……。

キタブを診察するために医者がやってきて薬を処方しましたが、少しも回復しませんでした。

ある日の朝、キタブが亡くなったとの知らせが届きました。私は最期の姿を一目見に行きたかったのですが、父の許可がもらえず出かけられませんでした。キタブの家のあるパラから何人も死者が出ていたので、父は私がそこに行くことを禁じていたのです。遠くから泣き声が聞こえてきました。キタブにはもう二度と会えないのです。

村人たちはさすがに気づき始めていました。病人たちの症状が似通っていること、そして、その病にかかった人たちはみなショウコットの家のチューブウェル（掘抜き井戸）で汲み上げる地下水を飲んでいることに。

井戸が掘られる以前、村の人たちはため池やベトラボティ川の水を飲んでいました。遠くにある池や川から水を汲んでくるのは女性たちの役割で、とても骨の折れる仕事でした。女性たちは一緒に集まって水を汲みに行きました。なぜなら、この地域には森が広がっていて、森の中には獰猛（どうもう）な動物や悪霊が棲みついていたからです。女性たちはその存在に怯え、みながいれば猛獣も襲ってはこないと思って、一緒に水汲みに行ったのです。

昔、村人たちはコレラや赤痢、下痢などの病に日常的にかかっていました。村人たちははじめ、そうした病気のすべてが悪い行いのせいでもたらされた災いのようなものだと思っていました。ところが、その病気の原因が、池や川の水を直接飲むことにあると分かってきました。川や池の水に含まれる細菌や寄生虫に感染して病気になるのです。そこで、村の有識者たちが政府の担当者と話し合い、はじめはバシュコルという竹の筒を用いて地下水を汲み上げ始め、その後、チューブウェルを設置する準備を始めました。地中深くから汲み上げられるチューブウェルの水は、川や池の水よりも細菌が少なく、より安全だと考えられたからです。チューブウェルは、地下二〇メートルから六〇メートルくらいの間にある地下水の層に管を差し込んで手押しポンプで汲み上げる装置なので、その水は地表の水のように汚濁していたり、細菌によって汚染されたりしていないと考えられていました。政府は村の数か所に公共のチューブウェルを掘りましたが、一本目のチューブウェルは、私たちのパラのマドラサ（宗教学校）の敷地に設置されました。そのうちに、ショウコットの祖父が自分で家の敷地にチューブウェルを設置しました。

チューブウェルの水で魚を洗う

チューブウェルで汲み上げる地下水は鉄や土のにおいがするので、はじめのうち村人はそれを飲むことに戸惑いを感じていました。ところが、チューブウェルの水が冬には温かく、夏には冷たいことが分かると、村の人々は池や川の水ではなくチューブウェルの水を利用し始め、次第に地下水のにおいにも慣れていきました。

ところが、誰も気づかないうちに、ショウコットの家の井戸水を飲み続けた人たちの身体に黒や白の斑点ができはじめ、手の平や足の裏が固くなっていったのです。一方、マドラサのチューブウェルを飲んでいた人たちには、そうした症状は出ませんでした。村人たちは、ショウコットの父親の行いが悪く、何度も結婚を重ねたため神の怒りを買ったのだと思っていました。それを苦にしたショウコットの祖父が、一度そのチューブウェルを埋めてしまい、別の場所に移したのですが、状況は変わりませんでした。そこでショウコット家はチューブウェルの利用を一切やめてしまいました。困った隣人は、自分たちの家にチューブウェルを掘り始めました。

キタブが死んでしまったあと、彼の年の離れた妹のファテマも病に倒れました。身体に黒い斑点が現れ、手の平や足の裏に固いイボができ始めました。それを知って私たちは、もう彼女と一緒に遊ぼうとしませんでした。その病がうつると思い込み、一緒に遊んだら私たちも同じ病気にかかってしまうと怯えたからです。私たちが遊んでいる間、彼女が遠くから寂しそうな顔で、こちらを見つめて立っていたのを覚えています。そのとき私は自分の過ちに気づいていませんでした。彼女を仲間外れにして追い詰めていたことを思い出すたびに、私は良心の呵責に苦しみます。

それから少しあと、ファテマは呼吸器疾患で亡くなりました。それを聞いて、私の胸は刺すように痛みました。私たちは彼女のために救いの手を差し出すべきだったのです。

今でもファテマのように苦しむ人が何人もシャムタで暮らしています。昔の記憶をたどると、自然に涙があふれ、胸が痛みます。だからこそ私は、誰にも知られることのなかったシャムタの悲劇をみなさんに知ってもらいたいと思っています。

牛小屋で寝ていたレザウル

レザウルは十二歳くらいの男の子でした。五人兄弟姉妹でしたが、両親は謎の病に苦しんでいました。「人生が苦しみでできているなら、苦しみなど感じるものか」ということわざがありますが、レザウルが育ったのは、まさにそういう環境でした。

彼の母親は家族を養うために、シャムタ村やテングラ村のバザール（市場）で米を買い、それを蒸してから、デキ（脱穀機）でついて精米し、バザールで売りました。毎週、水曜と土曜にシャムタのバサールへ、火曜と金曜にテングラのバサールへ行き、脱穀米を買いつけ、精米した米を売りました。こうした売買の差額で家族を養ったのです。

レザウルは私よりも三歳ほど年下でした。ひどく痩せていて、一日で十分にご飯を食べていないことが分かりました。髪が真っ白だったので、「見て見て、お爺さんだよ！」と、みんなでからかったものです。するとレザウルは、竹の棒で私たちを追い払うのでした。私たちは走って逃げました。私たちは、なぜ彼の髪が白いのかを考えたこともありませんでした。

数年後、レザウルの母親は、夫や子供たちを残して永遠の別れの途についてしまいました。

父親は農夫でした。小さな子供たちのことを心配し、二人目の奥さんをもらいました。継母は家族をとても愛したのですが、夫や子供たちの体に黒い斑点を見てしまい、さらに、このパラの住人がみな同じ病気に苦しんでいることを知ると怖くなり、逃げ出すことを決心します。そのときにはもうお腹に子がいたのですが、子供を産んだあと、彼女は本当にパラを出て行き、二度と戻ってきませんでした。子供たちは再び母親を失い、仕方なくレザウルの姉が家族の面倒をみることになりました。

そして、今度はレザウルが病に倒れます。ひどく弱って、歩くこともできなくなりました。このころには父親も病気のため農作業ができなくなり、貧困が家族を襲います。弟や妹はまだ小さく、お金を稼げる年齢ではありません。レザウルは家族を養うために物乞いをするようになりました。一日中物乞いをして恵んでもらった米で、家族を食べさせました。

しかし、彼の病もさらに悪化していき、体中の痛みに苦しみ、歩く力も失ってしまいました。体中が化膿し、ひどいにおいを放っています。それでも、どうにか杖で体を支え、パラからパラへと物乞いをして回ったのです。破れたシャツとルンギ（腰巻）を着て、片手に袋を持ち、もう片方の手で杖を握り、杖をコツコツと鳴らしながら、飢えた家族のために食べ物を乞い歩きました。

ある朝、レザウルが私の家の庭に立っていました。それを見た私の父がこう言いました。

「誰か米を一握りやってくれ。そうすればここから出て行くさ」

父はさらに続けます。
「ああ、アッラー、この病人を元のところに追い返してください」
私が米を持って行きました。レザウルの骸骨のように痩せた体を見て、私は心が痛みました。庭のナツメヤシの下に立っている彼の脚から、膿が流れ出て、体が悪臭を放っています。それでも、飢えをしのぐために家々を回って物乞いをしなくてはならないのです。父は私から米を受け取ると、レザウルに渡して、早くここから出て行くように言いました。

それからずいぶん年月が過ぎた一九九六年のことです。レザウルの容態は悪化の一途をたどり、とうとう動くことができなくなりました。もう、物乞いをして村を回ることもできません。皮膚が裂けて、膿が吹き出し、ひどいにおいを放っています。あまりに臭いので、レザウルの家族は、彼を牛小屋に寝かせるようになりました。父親は、においがつくことを嫌がって、一枚のカタ（掛け布団）すら彼に与えませんでした。冬の寒い夜には、「カタをおくれ、カタ」というレザウルの弱々しい声が風に乗り、パラの家々にこだましていました。父親はやっと彼に、古くなって破れたカタを差し出しました。

アッラーは自分がお創りになった生き物の中で、人間を最良のものとしました。なのにレザウルは、動物と同

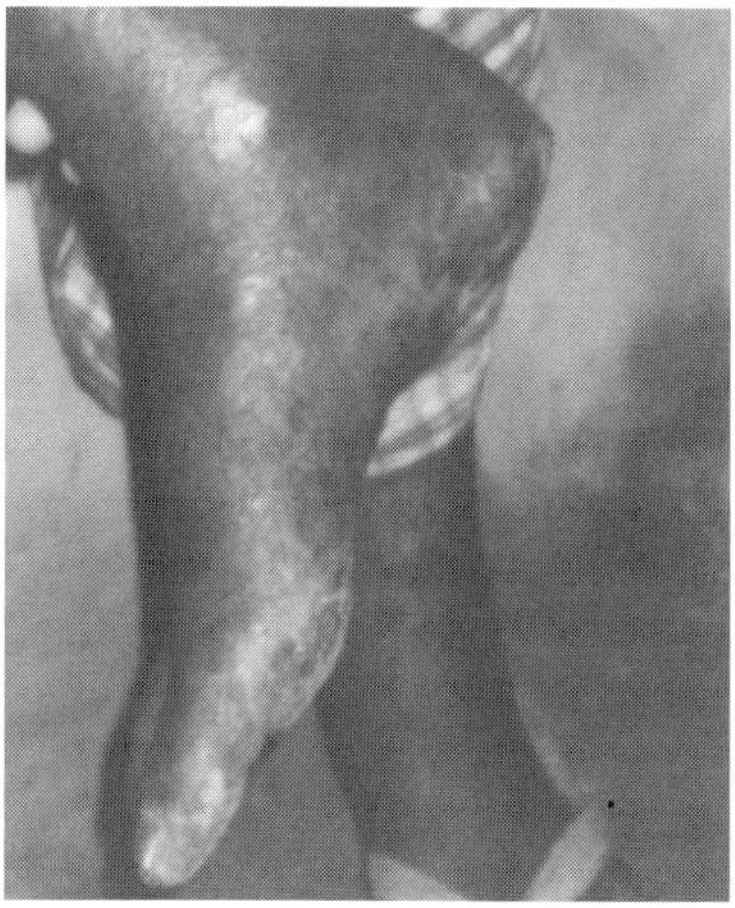

腫れていたレザウルの足（1996年12月）

じ場所で眠らなくてはなりません。汚い牛小屋に連れてこられ、レザウルの体調はさらに悪化していきました。

ある日、レザウルが死にそうだと村人から聞きました。彼の家に行くと、たくさんの人が集まってきて、家の前で当惑して立ち尽くしていました。レザウルが死の淵から舞い戻ってきたようです。実は、これ以前にも二度、同じような出来事がありました。

一度目は、レザウルがひどく弱りはて、目を閉じて動かなかったときです。誰もが彼は死んでしまったと思いました。ところが、少し経って目をぱっちりと開けたのです。その後、彼は少し回復し、再び杖をついて家から家へと物乞いをして回りました。

二度目は、私たちが池のほとりで世間話をしていたときのことでした。近所に住むお義姉さんが「レザウルが死んでしまったよ。おいで、見に来なさい」と、私たちを呼びに来ました。床にレザウルが横たわっていて、少し離れたところで弟や妹が泣いています。その泣き声を聞いて、さらに多くの人が集まってきました。ところが突然、レザウルが長い溜息をつきました。

「生きているぞ！　すぐに医者を呼べ！」

みなが口々に叫びました。医者がやってきてレザウルを診ると、また彼は回復しました。

そして、これが三度目です。

私は牛小屋の脇に一本のニームの木が生えているのに気づきました。インゲン豆の蔓が屋根まで伸び、たくさんの豆がぶら下がっています。

牛小屋の中には、レザウルの動かない体が横たわっています。一見、家族に見守られて安心して眠っているかのような姿です。私は心の中で彼に語りかけました。

「レザウル、もう食べ物を探しに行かないの？　家族のために物乞いをしないの？　もう、物乞いの袋を持って、家々を回らなくてもいいのかい？」

レザウルの体からは鼻をつくにおいがするので、みな鼻に布を当てています。レザウルの隣に座って、近所の人たちが「コーラン」を読み聞かせています。

こうして三日が経ちましたが、レザウルはまだ生きていました。アッラーが救おうとする人間を誰も殺すことはできません。私の耳に、回りの木々たちの声が聞こえてきました。

みなさん、心配しないで
レザウルはまた元気になるでしょう
また、あなたたちの仲間に加わるでしょう
物乞いとしてではありません
今度は自分の力で生きて行くのです
あなたたちが彼を見捨てても、私たちはいつも彼と一緒

シャムタの悲劇が新聞に

ラロンの家族は農夫の父と母、そして弟の四人家族でした。父親は土地をたくさん所有していて、庭にはさまざまな果物の木がありました。マンゴー、ブラックベリー、ジャックフルーツ、グアバなどです。家族はとても幸せに暮らしていましたが、一つだけ家族以外の誰にも言えない、胸につかえた悩みがありました。

私はラロンの家庭教師をしていたので、毎日午後三時半から四時半まで、私の家で勉強をみてやりました。当時彼は六年生で、大変成績の良い生徒でした。彼の他にも、合わせて十人ほどの子供が私のところに来て勉強をしました。そのラロンが、もう三日も私の家に来ていません。どうしたのかと思い、彼の家を訪ねました。

ラロンの母親は、私を見ると泣きだし、息子が村で流行っている謎の病に苦しんでいることを告げました。家がどんなに裕福でも、子供が病気になったら両親は幸せでいられるでしょうか。私は、とにかく病院に連れて行くようにと言いました。

母親はラロンを連れてジョソールの病院に行き、ゴラム・ファルク先生の診察を受けます。そこにちょうど何人かの新聞記者がいました。記者のインタビューを受けた母親は、シャムタに蔓延している謎の病のことを話します。村人が苦しみ、すでに何人もの人が命を落としたこと、そして、自分の息子も同じ病に侵されていることを伝えました。シャムタの悲劇は、このとき初めて村の外部の人たちの耳に入ったのです。

記者たちは、彼女から聞いた話を記事にして新聞に載せました。そして、それは保健・家族・福祉省に所属する国立予防社会医学研究所（NIPSOM: National Instition of Preventive and Social Medicine）の医師たちの目にも止まり、彼らがシャムタを訪れることになったのです。しかし、ラロンの命には間に合いませんでした。一九九六年が始まったばかりの頃のことでした。

ラロンの遺体が白い布に包まれて、縁側に置かれた棺の上に横たわっています。悲しみに打ちひしがれて、瞬きもせずラロンを見つめていた母親が、突然声を上げて泣き叫びました。

「これから誰の世話をすればいいのさ？　アッラーなら分かるでしょう。子供に先立たれた母親は、この先どうやって生きていけるというの」

棺が運ばれて行きます。母親は棺に駆け寄って再び泣き叫びました。

「ちょっと待っておくれ。アッラー、私もラロンと一緒に連れて行って。ラロンなしで、どうして生きていけるものか」

父親が棺の脚をつかみながら泣いています。

「息子がわしの棺を運ぶはずだったんだ。なのに、息子の棺をわしの肩に乗せる日が来るなんて。ラロンの墓に自分の手で土をかけるなんて、わしにはできない」

患者が多発していた地域（1996年12月）

埋葬に同行した人たちから聞いた話なのですが、棺を土に埋めたあと、父親は墓の上に寝そべり、こう言ったそうです。「ああ、アッラー、息子と一緒に、わしも連れて行ってくれ」。

そして、みなで彼を慰め、家に連れて帰ったそうです。

何日か経ったあと、その父親自身も病に倒れました。同じ頃、ラロンの祖母が亡くなりました。そのときラロンの母親は妊娠三か月でした。ある日、私がお見舞いに出かけると、父親は縁側に座り、チャトック鳥が雨を待つように、一心に家の前を見つめていました。そして私を見ると、こう言いました。

「モンジュ、ラロンが毎日家に戻ってきてこう言うのさ。父さん、こっちにおいで。一人じゃ寂しいよ、ってさ」

少し黙ったあと、また口を開きました。

「家が空っぽになっていくよ」

そう言うと、父親は泣き崩れました。

ある日、私はラロンに勉強を教えた自分の家の一角を眺めて、バザールで野菜売りを手伝ってくれた彼のことを思い出していました。するとお義姉さんが私を呼んで、「ラロンのお父さんが死んでしまったわ」と伝えました。私は信じられず、走ってラロンの家に行きました。ラロンの母親が、夫の隣に座っています。誰もそばに近づけようとしません。

「どこかに行って。誰も来ないで。夫はただ寝ているだけ。じきに目を覚ますわ。目を覚ましたら、ラロンを捜しに出かけるでしょう」

「ラロン、帰ってきておくれ。父さんが病気なの。病院に連れて行かなくちゃいけない。ねえ、あんたたち、ラロンがどこにいるか知ってるかい？」

私たちには掛ける言葉がありませんでした。母親はショックのあまり、とうとう記憶がおかしくなってしまいました。彼女はラロンの弟を呼んで、こう言ったのです。

「ラルトゥ、準備をしなさい。実家に帰るわ。この家にはもう住みたくない。ラロンは私の言うことを聞かないから」

親戚や近所の人たちは、彼女が取り乱すのを見て戸惑い、困り果ててしまいました。

人間はあまりに無力になると、盲信的になります。ラロンが亡くなる前、彼の家の牛小屋に一匹のヘビが住みつきました。ヘビは子供をたくさん産みました。ある日、ラロンの家族は一匹の子供のヘビを見つけ、それを殺しました。同じことが何度か起こり、最後にはヘビ使いを呼んで、ヘビをすべて捕まえてもらいました。

ヘビがいなくなったあとで、ラロンが死に、そしてラロンの祖母と父が死んでしまいます。近所の人たちはみな、ヘビを殺した呪いのせいだと言いました。この家に住む者はみな死ぬだろうと。その噂に怯えたラロンの母親は、ラロンの弟を連れて、インド国境付近のベナポールの実家へと逃げて行きました。

数か月後、ラロンの母親は元気な赤ん坊を産みました。子供が生まれると彼女は正気に戻り、シャムタに戻ることにしました。その頃には、国立予防社会医学研究所の医師たちがシャムタでの調査を進めており、彼女がシャムタに戻る数日前に、謎の病の正体が明らかになったのです。

初めて聞いた〝砒素〟

シャムタに関する新聞記事を読んだ国立予防社会医学研究所の職業・環境健康部門の医師たちは、一九九六年の九月にシャムタを訪れました。そして村を見て回り、病人の多さに大変驚きました。これほどたくさんの病人を一度に見たことがなかったからです。

医師たちは、患者の症状から砒素中毒を疑いました。一九九五年二月にインドのコルカタで開かれた砒素の国際会議で得た知識をもとに、症状が似通っていると判断したのです。インドにもシャムタと同じような患者が多数出ていて、その原因がチューブウェルで汲み上げた地下水に含まれる砒素だと明らかにされていました。そこで、医師たちはシャムタ村を新たな砒素汚染調査の対象地として選出すると、いったんダッカに戻りました。

ちょうどその頃、国立予防社会医学研究所に、アジア砒素ネットワークという日本のNGOから問い合わせがありました。日本にも砒素汚染の問題が起きていて、宮崎県の土呂久砒素公害患者を支援してきた人たちが、アジア地域の砒素汚染防止とその原因の究明のためにアジア砒素ネットワークを設立し、バングラデシュの砒素汚染地域を調査しようとしていました。こうして、国立予防社会医学研究所とアジア砒素ネットワークが手を組んでいくことになり、それはバングラデシュの砒素汚染対策の歴史の輝かしい第一歩となりました。

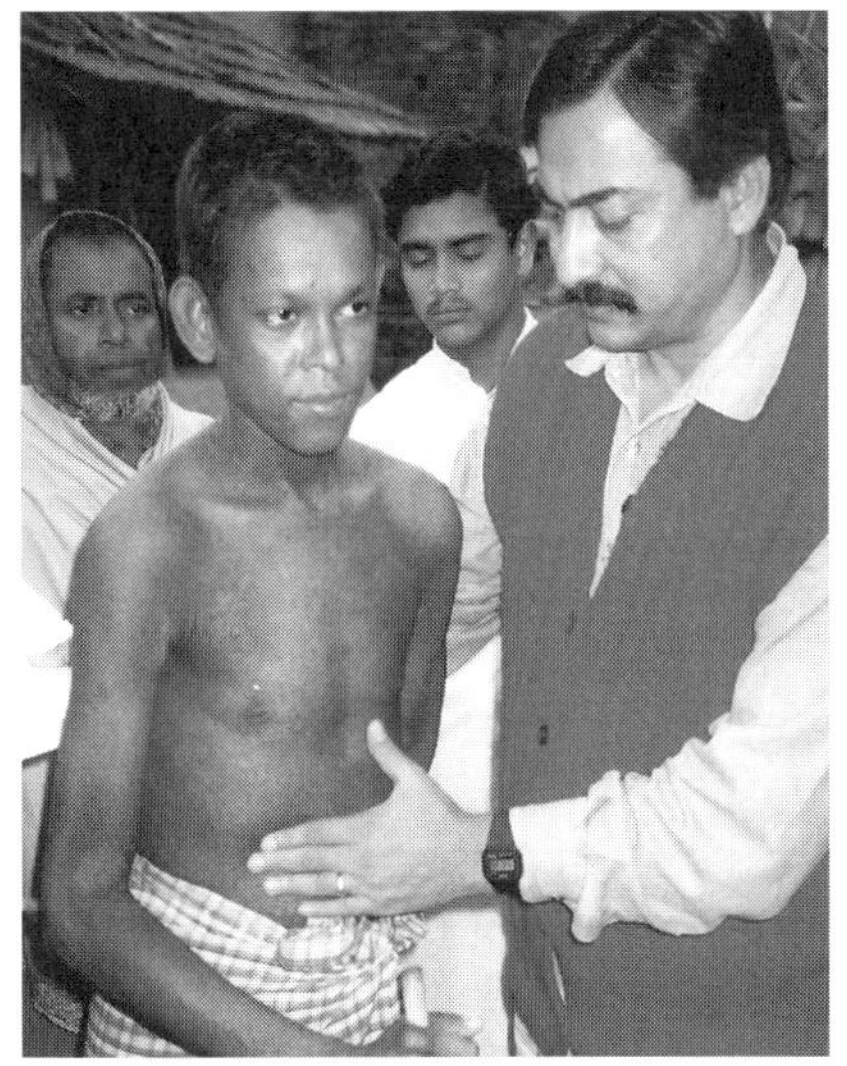

国立予防社会医学研究所のアクタール医師の診察を受けたレザウル

一九九六年十二月の最後の週だったと記憶しています。国立予防社会医学研究所の医師たちが日本人を連れてシャムタにやってきて、レザウルの家を訪れました。当時、彼がパラの中で一番の重病でした。次に死ぬのは彼だと、みな思っていました。

外国人が来ていると聞いた村人が、こぞってレザウルの家の前に集まりました。もちろん私も見に行きました。そこで初めて日本人の姿を目にしたのです。のちに共に働くことになる対馬幸枝さん、川原一之さん、そして横田漠先生がいました。国立予防社会医学研究所のシェーク・アクタール・アハメド医師、シェーク・アブドゥル・ハディ医師がいました。

杖をつきながら牛小屋から出てきたレザウルは、この寒さの中、一枚のルンギをはいているだけです。幸枝さんは自分のタオルで彼の体を拭いてあげていました。まるで母親が病気の子供を世話するように、愛情深く接しています。家族や親戚ですら忌み嫌って近寄らなかったレザウルに、そんなふうに接する幸枝さんの姿に、私はとても驚きました。自分の目で見ていることが信じられませんでした。外国人が村人に対して、どうしてこれほど優しくできるのでしょう。

彼らは長い間、レザウルの隣に座っていました。レザウルは、自分のそばに誰かがいてくれることで、わずかながらの幸福を感じているようでした。その頃、病気がうつることを恐れた村人は、彼と話すことも、近くに寄ることもしませんでした。人々はこう言ったものです。

「あのパラの奴らを冠婚葬祭の席に招待してはだめだ。病人やその家族との結婚は許されない！」

幸枝さんがレザウルの横に座っています。病気がうつることが怖くないのでしょうか。

国立予防社会医学研究所の医師たちが診察を続けています。病気の原因を突き止めようとしているのです。医師たちは、いつからこの病が村を襲い始めたのかを村人に聞いて回りましたが、誰にもはっきりしたことは分かりません。

その日の最後に、簡単な測定器を使って三つのチューブウェルの水を検査しました。すると、許容値以上の砒素が水に含まれていることが分かりました。井戸の水は、飲み水には適していませんでした。医師たちは確信します。チューブウェルの水を飲むことで、村人が病気にかかっているのだと。医師たちは、居合わせた村人たちに言いました。

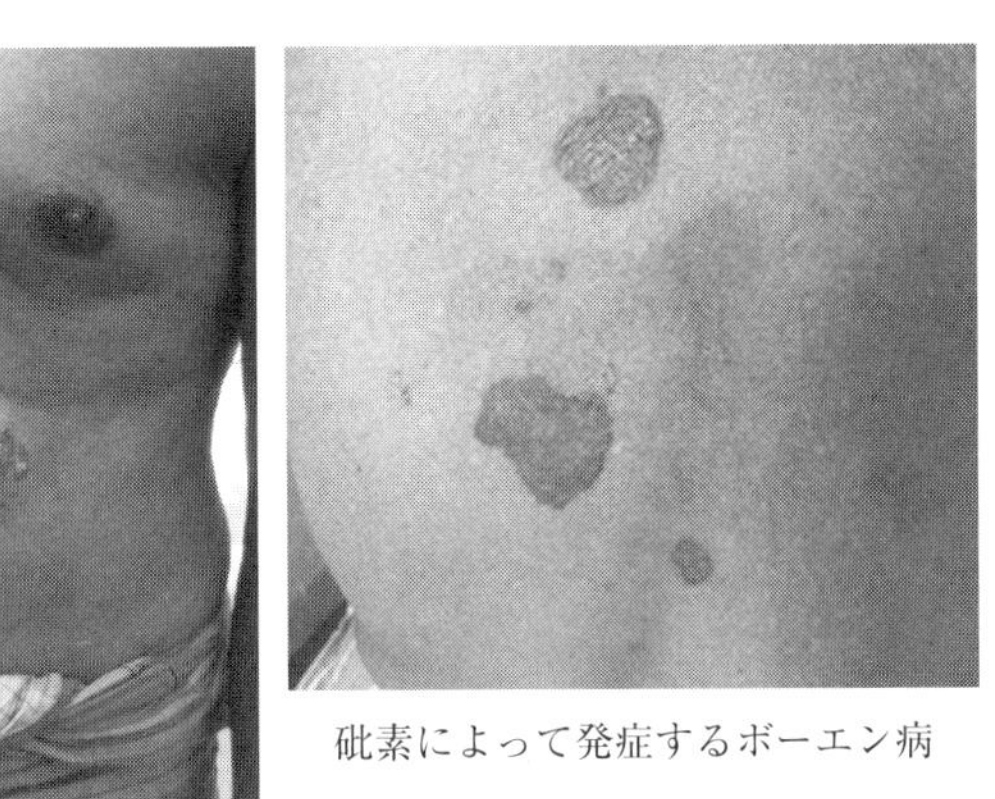
砒素によって発症するボーエン病

「見てください。あなたたちの井戸の水には砒素が含まれています。この水を飲むせいで、村に病が蔓延しているのです」
ところが村人たちは、砒素がいったい何なのか分かりません。医師たちは、砒素とは猛毒の一種で地下水に溶け込んでおり、チューブウェルを通って汲み上げられているのだと説明しました。
「砒素に汚染された水を飲むと、さまざまな病気にかかります。手の平や足の裏が固くなったり、体に黒や白の斑点ができたりします。皮膚の異常がボーエン（皮膚癌の前段階）になり、果てには皮膚癌になることもあります。これらの症状を砒素中毒と言います。砒素中毒は伝染も遺伝もしません。ただ、砒素に汚染された井戸の水を飲むことによってかかる病気です」

医師と日本人たちはレザウルに薬を与え、病院に入院するように助言して帰って行きました。その場に居合わせた村人の中には、医師の言うことを信じる者もいましたが、信じない者も多くいました。なにしろ村人たちは、「砒素」という言葉を初めて聞いたのです。そして、口々に文句を言い始めました。

「医者が数人来たからって何だっていうのさ。奴らの言うことに従わなくてはいけないのか！　なるようになるのさ。それ以上何が起こるっていうのさ」

その日、シャムタ村のリーダー的存在であったルトファー・ラーマンから要望を受けたアジア砒素ネットワークは、バングラデシュの他の地域を調査し終えたあとで、シャムタ村を国立予防社会医学研究所との共同調査地とすることを決定しました。その後、シャムタ村で、地下水の砒素汚染とその原因、健康被害とその治療法、そして汚染防止に関する本格的な調査が始まりました。

長い闇の時代が続いたのち、やっとシャムタ村に一筋の光が差し込みました。謎の不治の病の正体が村人の前に暴かれたのです。この長い闇の中で、どれほど多くの村人の命が奪われていったかを考えると、私は胸が張り裂けるような悲しみに襲われます。

第二章　私の育った村

ジョミダールの拷問

母の話によると、かつてシャムタ村には身の毛がよだつような深い森が広がっていたそうです。森には名前がついていて、コビラージの森、バブルの森、シギルの森、そしてロバルの森と呼ばれていました。私の家はシギルの森の脇にあり、この森にはたくさんの異なる種類の木々が生え、たくさんの実がなっていました。私たちの家の前には、森へと通じる一本の道があり、その道の両端には色とりどりの花が植えられていました。その昔、シャムタの森には、人喰いトラやキツネ、大きな黒い顔のサルやイノシシなどの野生動物に加え、お化けや悪霊も住んでいたそうです。

イギリス植民地時代、この土地にはシトル・チョンドロ・ライとニルカント・ライという兄弟のジョミダール（地主）が住んでいました。シャムタ・バザールからアリヤ・マドラサ（イスラム宗教学校）までの通りは、今でも「ニルカント通り」と呼ばれています。

ヒンドゥー教徒のジョミダールは、イスラム教徒の村人たちを搾取し、財産を奪い取るために、肉体的そして精神的な苦痛を伴うさまざまな処罰を与えました。イスラム教徒は、自分の子供に自由に名前を付けることすらできなかったのです。ジョミダールはイスラム教徒の赤ん坊におかしな名前をつけ、からかって楽しみました。ディラジ（引き出し）、チャトゥル（狡猾）、ラトゥ（コマ）、ジョロ（嵐）、ポト（太った女）、ビビ（奥さん）、フルジュリ（植木鉢）など、意味のない名前をつけたものでした。

イスラム教徒の子供たちは学校へ行くことも禁止されました。さらに結婚式でさえも、ヒンドゥー様式に従わなくてはなりませんでした。命令に従わない村人は、ひどく残酷な罰を与えられました。例えば、太陽にかんかんに照らされたトタン屋根の上に、きつく縛られて座らされました。ジョミダールは、このような言葉にできないほどの恐ろしい仕打ちをした上に、歯向かった者を門番に殴らせたりもしました。残酷な拷問を恐れて、自殺した者さえいます。ジョミダールの拷問のせいで、シャムタの村人たちはとても不安な日々を送らなければなりませんでした。

ジョミダールは農民たちに高い利率で金を貸していました。利子も合わせて期日までに金を返せない場合は、農民の土地を奪い取ってしまうのです。ジョミダールの許可がなければ、村人は仕事をすることができませんでした。農民は自分の田畑を耕すことすら自由にできません。

ジョミダールはとても大きな七つの米倉庫を持っており、米を貧しい村人たちに貸し付けていました。二パリ（籐で編まれた米を計るかご）の米を借りれば、三パリの米を返さなくてはなりません。同じように、一〇タカ借りれば一五タカを返さなくてはなりませんでした。期日どおりに借金を返すことができない村人はみな、ジョミダールに土地や財産を没収されてしまいました。

ヒンドゥー教徒の地主が住んでいた家
（文中にあるジョミダールの家ではない）

魔女の住む池

兄弟のジョミダールは二階建ての大きな家に住んでおり、一階は倉庫と使用人の部屋になっていました。一年中、さまざまなプジャ（ヒンドゥー教徒の礼拝）が執り行われていましたが、一番盛大に祝われたのがモノシャ・プジャ（ヘビの女神を称える礼拝）でした。一階の一室にたくさんのヘビが飼われていて、そこでモノシャ・プジャの礼拝が行われました。毎朝、兄ジョミダールの妻がヘビに牛乳とバナナを与え、それからお祈りをしました。

インドとパキスタンが分離すると、西ベンガル地域の多くのイスラム教徒が東パキスタン（現バングラデシュ）に移り住み、反対にヒンドゥー教徒はインド側に移り住みました。住んでいた土地を交換し、あるイスラム教徒の一家がジョミダールの家に住み始めました。ときどき家の隅にジョミダールのヘビを見つけると、ムチやライフルで殺してしまいました。そうして徐々にシャムタ村で大きなヘビを見かけることは少なくなっていきました。

ジョミダールは二つの池を所有していました。一つの池は水浴び用に使い、もう一つの池は飲み水用に使われ、バブ（旦那）の池と呼ばれていました。

水浴び用に使われていた池の底には掘り井戸があり、村の人々はこの井戸に魔女が住んでいると信じていました。魔女を恐れて、池の真ん中に近づく者はいませんでした。魔女は鉄の鎖で村人の足を捕えて近くに引き寄せ、捕まった人は二度と戻ってこないと言われていました。子供たちは、池底から砂利や土をすくって、そこから金属片を探して遊びました。私も子供の頃、この池に潜って砂利の中から金属片を見つけたものです。おそらく、ヒンドゥー教徒たちがプジャの後に、祭礼に使った装飾品を池に投げ込んだものでしょう。

バブの池では、ニルカント・バブだけが水浴びをし、それより先に池を利用することは禁じられていました。村の女性たちは、ニルカント・バブが水浴びを終えるのを待って水を汲まなければなりませんでした。

人喰いキツネ

私の母もそうでしたが、村の女性たちはみなで集まって水を汲みに行きました。一人でそのあたりを歩くのは安全ではなかったのです。

私の家の前を通る道の先には、今はマドラサがあるのですが、当時は森が広がっていて、たくさんの野生の動物が住んでいました。道の突き当たりには、一本の大きなバニヤンツリーがあり、木の上には大きなハヌマン猿がたくさん棲んでいました。猿たちは、隙あらば村の小さな子供を木の上に引きずり寄せ、互いに子供を投げ合って遊ぶのです。子供の親は木の下から、バナナやピーナッツで猿の気をひき、子供を返してくれと猿に呼びかけました。辛抱強く呼び続けると、猿たちはバナナとピーナッツの誘惑にあらがうことができず、子供を返すのです。村の女性たちはハヌマン猿を恐れ、子供の足にロープを結び、その端を家の窓枠や庭の杭に結び付けておきました。

当時シャムタの森には大きなキツネも棲んでおり、村の人々は大変恐れていました。父から聞いたのですが、あるときキツネが村の子供を捕まえて森の中に隠れたそうです。村の人々が森を探すと、子供の骨が出てきました。キツネがその子を食べてしまっていたのです。そこで村人たちは、ジョソールに住むキツネ猟師を雇いました。猟師はキツネを捕って食べるのです。

著者が育った家と背後のシギルの森

その晩、村人たちは人喰いキツネが捕まるのを、はらはらしながら待っていました。猟師たちはキツネを捕獲しようと、やっきになっています。村人はイード・ガー（イスラムの祈りを捧げる広場）に集まり、人喰いキツネが捕まるようアッラーに懇願しています。

夜も深まり、あたりは真っ暗です。静まりかえった空気のせいで、夜の闇がさらに濃くなっているようでした。ジージーと鳴く虫の声以外、何も聞こえません。村人たちの間に不安が広がります。

猟師たちはキツネの鳴き声を真似することができました。偽の鳴き声を聞いたキツネたちが、森からたくさん出てきました。ところが、人喰いキツネは見当たりません。みながっかりして肩を落としていると、そこへ他のキツネたちよりもひときわ大きなキツネが森から出てきました。子供を殺したキツネに違いありません。猟師たちは連れていた三匹の犬を放しました。キツネは犬に気づくと、あわてて森の中へ駆け込もうとしましたが、犬たちは三方からキツネを追いかけます。そして悪戦苦闘の末、やっとのことでキツネを捕えることができました。猟師たちは、その晩のうちにキツネを火にくべて食べてしまいました。村人たちはほっと息をつき、自分たちの家に帰って行きました。

このように、シャムタの人々は常に森の動物と闘いながら生きていたのです。

私の生まれた日

私が生まれたのは一九七一年の十月十七日です。父の名前はモハマド・コレシュ・アリ、母はジョベダ・ベグムといいます。私は七人兄弟姉妹の一番下の娘でした。姉が四人と兄が二人、そして父母の九人家族です。

父の財産で私たちは不足のない生活を送ることができました。魚であふれた池、牛舎には牛、畑にはたくさんの作物、そして木が茂った果樹園、これらすべてが私たちの生活を満たしてくれました。だから、私たちの家族が経済的に苦しかったことは一度もありませんでした。私が生まれる前、長兄と三人の姉が結婚をし、私が生まれたあとに残りの兄と姉も結婚をしたので、家には私と両親の三人だけが住んでいました。当時、父は農作物を売る商売をしており、私は子供の頃、毎日畑とバザールに行き、父の仕事を手伝いました。

私が生まれた日は日曜日でした。理由は知りませんが、父は近所の人たちと何かでもめていました。そこへ姉の一人が、私の誕生を知らせに行ったそうです。頭に血がのぼり我を忘れていた父は、女の子が生まれたと聞き、さらにカッとなりました。私を森に捨ててくるようにとさえ言ったそうです。そのことで、ばつが悪くなった父は、私が生まれてから十五日もの間、私にも母にも会おうとしませんでした。

ある日の夕方、私の伯母が父に言ったそうです。

「あんたが欲しがっていたようなかわいい女の子よ。見ないのかい？」

これを聞いて、父はやっと私に会いに来たのでした。

父が会いに来たとき、私はランプの光の中で手足をバタバタと動かして遊んでいました。父は私を見ると抱き上げようとしましたが、母に咎められました。会いに来なかった父に、母は腹を立てていたのです。父は母に許しを請い、私を抱き上げました。父は私を愛おしく思い、胸の中に抱きしめました。私は小さな手で、父の顔をさわったそうです。

その日を境に、父は私から目を離さなくなりました。私の姉たちはみな夫の家に住んでいたので、父は特別に私をかわいがりました。

出没するコブラ

私の家のまわりには、名前も知らない木々が生え、いろいろな鳥が棲んでいました。私は鳥を捕まえて、その歌声を聞くのが好きでした。私には数人の友達がいましたが、こうして一人で遊ぶことも大好きだったのです。

家の南側には池があり、周囲の木々にも多くの鳥が棲んでいたので、私は暇を見つけてはそこに行きました。池のまわりはとても心地よく、近所の人々もよく集まっていました。特にチョイトロ月（ベンガル暦の最期の月。三月中旬から四月中旬）には強い日差しから逃れるために、この池のほとりで涼むのです。今でも、午後の日差しを避け、疲れた体を癒すために多くの人が集まってきます。

池のまわりには花がたくさん咲いていました。マリーゴールドやダリヤ、その他いろいろな花が咲き、果物の木もたくさんありました。あるときダリヤの葉に、小さなトゥントゥニ鳥が巣をつくり、二羽のひな鳥が生まれました。親鳥はエサを探しに巣を飛び立って行きました。

私は、ひな鳥を見るために巣に近づきました。すると、そこにコブラが現れました。コブラはそこに巣があることを知っているのです。私は、「ヘビ、ヘビよ！」と叫んで父を呼びました。父は竹の棒を手に持って走ってきました。父はヘビを殺すつもりでしたが、私はそれには反対しました。ヘビは逃げて行きましたが、その夜、悲しい出来事が起こりました。昼間にひな鳥を仕留めそこねたコブラが夜に戻ってきて、二羽とも食べてしまったのです。次の日の朝、遠くの木に止まった親鳥の、子供を呼ぶ悲しい声が聞こえてきました。その声を聞いて、私もとても悲しい気持ちになりました。

あるときはザクロの木に、一匹のシャリック鳥が巣をつくりました。巣を見て私は興奮してしまいました。鳥を捕まえるのが大好きだからです。コブラも同じく、鳥や卵を狙っています。私はたびたび毒ヘビと遭遇することになりました。私たちの目的が同じだったからです。

ある日、私は森に鳥を探しに行きました。鳥のピチピチという鳴き声が聞こえ、木の枝葉がざわざわと動いているのが見えました。私はそれが鳥の巣だと思い込み、嬉しくなりました。近づいてみると、そこには十五匹ほどのヘビが互いに絡まり合っていました。私は驚いて走って逃げました。家に帰ってそのことを母に話すと、たくさんのヘビが集まって抱き合っているのは、ヘビが交尾をしているのだと教わりました。鳥を追いかけているうちに、そんな珍しい光景に出くわすこともあったのです。

その後も数えきれないくらい何度もヘビと遭遇し、危険な目にも遭いました。私が庭に座って宿題をしていたときのことです。飼っているヤギがひときわ激しく鳴く声が聞こえてきました。何が起こったのかと思い、ヤギの様子を見に行くと、頭を上げて威嚇するコブラが私の前に現れました。少し離れたところにいた父もコブラに気づき、瞬時に良いアイデアを思いつきました。つながれていたヤギを放し、後ろから追い立てたのです。コブラは走るヤギを追いかけて行き、おかげで私はコブラに襲われずにすんだのです。その日、父は私の隣に座り、いくつかの忠告をしました。一人で出かけるときは特にまわりに注意をすること。危険を避け、常に気を付けて歩くこと。父はいつでも私を思い、私を守ってくれました。

牛と耕運機が混在していた2000年頃の農村

コブラとマングースの戦い

私が小さかった頃は、米やジュートを栽培するのに化学肥料を一切使いませんでした。牛の糞などの自然肥料を使ったものです。村の農夫が五、六人で集まって話し合い、十台ほどの牛車をひいて畑に肥料を撒きました。最初の日は父の畑に肥料を撒き、次の日は別の人の畑に撒きます。このようにして順々に、仲間の畑の肥料撒きをみんなで協力して行いました。十台もの牛車がいっせいに畑へ向かう光景は、とても躍動的で、その美しさに私は心を打たれたものです。

私は時々、牛車に乗って父と一緒に畑へ向かいました。車輪がガタガタと回る音や、パカパカという牛の足音に胸が躍りました。今では人口が増え、より多くの農作物を効率的に生産するために、化学肥料が使われるようになりました。牛糞が肥料に使われることはほとんどありません。あの牛車たちは、どこに消えてしまったのでしょう。

当時は年に二度、米の作付けが行われました。アウシュ米（雨季米）とアモン米（乾季米）です。冬季は豆やイモなどの穀物も育てました。今では年に三度、稲を植えます。アウシュ米、アモン米、そしてイリ米です。稲作をしながら、田んぼの隅で他の野菜や穀物を作ったりもします。

昔は、農業用水は川から水を引いてきたり、雨を頼りにしていました。雨の降らない時期には種を植えることができませんでした。それが今では雨を待たずに耕作ができるのです。一九八〇年代に灌漑（かんがい）用の深井戸や浅井戸が多く掘られ、地下水をモーターで汲み上げて使うようになったからです。また、以前は鍬を使って田畑を耕していましたが、今ではトラクターや耕耘機があります。種まきから収穫まで、農業のすべての面で新しい科学技術が使われています。

私の子供の頃は、農夫たちが日の出と共に起き、鍬やくびきを肩にかけて田畑に向かいました。七、八人が集まって一緒に農作業をしました。朝ご飯は農作業の合間に済ませ、一人の畑を耕し終わると別の人の畑に移動し、みなで順番に耕しました。同じように、朝ご飯を準備する当番も順番に回ってきました。

その日は、私の家が朝ご飯を準備する当番でした。母は、朝ご飯の準備を終えると、私と下の兄にそれを持たせ、畑に持って行くようにと言いました。私たちは歩いて畑に向かう途中、コブラとマングースの戦いに遭遇しました。コブラが苦戦しています。戦いが終わるとマングースは近くの木に登り、コブラが傷つき苦しむ様子を眺めていました。

コブラとマングースの戦いといえば、とても面白い話があります。マングースはコブラと戦うために、イシャロッザボテイという木の根を利用するのです。その根は、コブラの毒から身を守ると信じられていました。村のコビラージ（伝統医）はその効果を知っていて、蛇に咬まれたときの解毒剤として使用しました。村の人々は、マングースがその根を口にくわえ、コブラの上をジャンプするだけで、コブラの体が麻痺してしまうと考えていました。コブラがマングースに出くわすとトグロを巻いて威嚇するのは、マングースがくわえている木の根を恐れているからです。マングースの前では、コブラの勝ち目はないのです。

今ではコブラとマングースの戦いを見かけることもありません。どちらもいなくなってしまいました。近年になって家や田畑が増えたために、森の木々が切り倒されてしまい、森の動物たちの棲家や食べ物がなくなり、動物たちは少しずつ村から姿を消していきました。ヘビはカエルやカタツムリを好んで食べていましたが、森がなくなるとヘビの餌もなくなってしまいました。

今は、ヘビの毒に効くと言われていた木の根も使いません。それよりも効果的な薬を病院でもらえるからです。だから村の人々は、コビラージに頼るよりも病院に行くことを好みます。

一人だけの女生徒

一九八〇年以前には、すべての子供たちが学校に行くわけではありませんでした。わずか一握りの子供たちが学校へ行くことができました。

当時、シャムタ村と隣接するテングラ村を合わせて、初等学校が一校、マドラサが一校、そして中等学校が一校ありました。村の子供たちのほとんどは両親の仕事を手伝うために牛やヤギを連れて畑に行き、農作業をしました。農家の父親や母親は、子供たちを学校に行かせるよりも、家の収入を重視したのです。それに当時は、教科書もまだ有料でした。

私のパラで学校に行っていた女の子は私だけでした。他は裕福な家の男の子ばかりで、そんな家庭ですら娘を学校に行かせることはありませんでした。みな、女の子は家の中で仕事をし、大人になったら結婚して義父の家で暮らすものと考えていました。女子教育の必要性に注目する人はいませんでした。女の子が教育を受けることを、罪深く背徳的な行為だととらえる親も、いまだに存在します。

現在では、シャムタ村とテングラ村に合わせて初等学校が二校、マドラサが二校、中等学校が一校、幼稚園が一か所、そしてＢＲＡＣ（バングラデシュ最大のＮＧＯ）が経営する学校がいくつかあります。今ではどの家の子供も学校に行きます。政府が教育水準を高める政策をとり、それと同時に子供たちの教育環境を充実させようとしています。すべての初等学校に無料で教科書を配付し、貧しい家庭の子供のための奨学金制度もできました。シャムタ村では現在、すべての家庭の子供たちが学校に行き、少なくとも五年生までは学校で勉強します。

一九八七年、私を含め近隣の二十の村から、五十八人が中等教育証明（SSC：Secondary School Certificate）の試験を受け、二十三人が合格しました。今では、この中等教育証明の試験にはほとんどの生徒が合格します。両親たちはもう子供たちが学校に行くのを邪魔したりしません。学校で教育を受けたおかげで、多くの子供たちが一人前に独立していくのを見てきたからです。私が物心ついた頃、シャムタ村には大学を出た人が二人しかいませんでしたが、今はたくさんの学生が大学で学んでいます。

バザールでお手伝い

学校に通っていた頃、私は父の仕事を手伝うためにバガチャラ村やシャムタ村、テングラ村などのバザールに野菜を売りに行っていました。昔の人は、女性がバザールに行くことは品の悪いことだと思っていたので、私がバザールに行くと、みなから白い目で見られたものです。ほとんどの女性たちは、夫の前以外ではベールをかぶっていました。道端で親戚のおばさんやお姉さんに会っても、誰だか分かりませんでした。

シャムタ村のバザール（1997年3月）

私の母も、私がバザールに行くことを良く思っておらず、やめさせるよう父を説得していました。そんなふうに娘をバザールに行かせていたら、お嫁の貰い手がなくなるわよ、と。その頃、近所の子供たちは日中、田畑に牛やヤギを連れて行き、草を食べさせたりしていました。そこで父は、女子がバザールに行くのは悪いのに、田畑に出るのは悪いことではないのかと母に言い返していました。

村の長老たちも、私の父に、私がバザールへ行くのをやめさせるよう命じました。

「お前の娘は日々成長しているだろう。すぐにでも嫁に行かせなさい。もしくは娘を家から出さないようにしなさい。娘たちの仕事はバザールではなくて家の中にあるだろう」

それでも父は聞く耳を持ちませんでした。

私の友達も、私がバザールへ行くのを止めようとしました。私は友達にこう言いました。

「どうして女の子だからってバザールに行ってはいけないの？　女の子は人間じゃないっていうの？　男の子にはでき

て、どうして女の子はしてはいけないの？」

しかし、カレッジに入学すると、私がバザールに野菜を売りに行く機会も少なくなりました。そして結婚後は、バザールに行くことをすっかりやめてしまいました。

悲しい初恋の出来事

中等教育証明の試験の前、私は自分が恋に落ちていることを知りました。私の初恋がドアのところまで来て、こちらを覗いています。私は自分の恋心以外、何にも興味がなくなってしまいました。本当に彼のことを好きになってしまったのです。彼と知り合ってまだ間もなかったのですが、もう何十年も前から知っているような気がしました。

私たちは同い年で、同じ学年でした。初めて会ったのは私の姉の家です。彼は姉の嫁ぎ先の親戚の子でした。

姉の家でマホフィル（イスラムの宗教礼拝）がとり行われ、私は別の姉と一緒に参加しました。私は姉に頼まれて、ゴジョル（宗教歌）を歌うことになっていました。歌い始めたところで彼と目が合い、私は恥ずかしくなって歌うのをやめてしまいました。彼が私の姉に私のことをたずねたので、姉は私を彼に紹介しました。

彼は私の手を取って言いました。

「僕たちどうして今まで出会わなかったのかな？　どうして君は隠れていたんだい？」

そして彼は、一目見て私に恋に落ちてしまったと言いました。突然の告白に、私は言葉も出ません。恥ずかしさのあまり、姉を責めて家を飛び出してしまいました。彼は私を捜しましたが見つけることができず、がっくりと肩を落としたそうです。そして、姉から私の家の住所を聞き出したのです。

次の日、学校が終わって家に帰ろうとしていると、突然後ろから呼び止められました。彼です。私は驚きました。あたりを見回し、誰も私たちを見ていないか確かめました。もし父に知れたら、私は罰を受けるかもしれません。

近づいてきた彼に、私は聞きました。「どうしてここにいるの？」。

「君の家に遊びに来たんだよ」と、彼が答えます。

「じゃあ先に家に行っていて。私は後から行くから」

父は、彼がただ家に遊びに来ただけなのだと思っていました。ところが、彼が毎日私の家に来るので、さすがに本当の理由に気づきました。そして、彼が頻繁に家に来ることを禁じたので、私はしばらく彼に会いませんでした。

ある夏の日のことでした。当時私たちの住む地域にはたくさんの果物の木が生えていて、ボイシャキ月（夏の始まりの月。四月中旬から五月中旬）が来ると、木々は果物の実でいっぱいになりました。カルボイシャキ（夏の始まりを告げる嵐）が吹き荒れると、子供たちが落ちたマンゴーの実を集めて大はしゃぎをしていました。まるで巨大な怪物が木の上でシバ神の破壊の踊りを始めたかのようです。すごい勢いで木々の枝を次々にへし折って行きます。嵐のさなかにもかかわらず、子供たちが若いマンゴーの実を拾うために木の下に駆け寄ります。木からぽろぽろとマンゴーの実が落ちてきて、みなでそれを拾っているのです。

私もマンゴーを拾うために庭に出ました。少し離れたところに立っていた彼が、私に気づきました。私が木の下でマンゴーを拾っていると、突然その木の枝が折れて落ちてきました。私は枝が落ちてくるのが見えたのに、そこから逃げることができなかったのです。彼はそれを離れたところから見ていて、私のところに駆け寄りました。そして、落ちてくる枝を片手でつかみ、もう片方の手で私を抱きしめました。彼は私を危険から救ってくれたのです。

私は恐怖のあまり泣いてしまいました。彼は私の頬をはたき、私をしかりました。

「こんなにおバカな女の子は一人にしておけないよ、そんな子には連れ合いがいなくちゃ」

そして、みなの前でこう言ったのです。

「ねえ、僕の恋人になってくれる？」

その夜、彼は姉の家に私を連れて行き、私に指輪をくれました。おそらく姉は彼の計画を最初から知っていたのでしょう。姉はこのことを父に話さないようにと念を押しました。父が知ったら、もう二度と姉の家に行かせてはくれないでしょう。姉に罰を与えるかもしれません。

その日から、私はその指輪を一度もはずしていません。私は彼の気持ちに応えるために、姉の家の庭からバラを一本摘んで彼にあげました。すると、彼はこう尋ねました。

「僕は君にとって何？」

「あなたは私の大切な人よ」と私は答えました。

すると彼は私をぎゅっと抱きしめて言いました。

「君をおいてどこにも行かないよ」

その日から、私の目は常に彼のことを捜していました。私たちは、家のそばにある池のほとりのショジナの木の下に座り、いろいろな話をしました。

知らぬ間に時間が過ぎていきました。その日は二人の将来の夢について話し合っていました。彼は私と結婚し、娘が一人欲しいと言いました。そして、その娘に「アハナフ・タハミダ」という彼のお気に入りの名前を付けようと話しました。彼は時折、もし二人が結婚できなくても、私の娘には「アハナフ・タハミダ」と名付けるようにと言いました。それを聞くと私は泣いてしまいました。すると、彼は私を慰め、「バカだなあ。こんなに大好きなのに、いなくなるわけないだろう」と言いました。

私の一番上の兄の奥さんは、私たちの関係を知っていたので、時々私たち二人の話に混ざって冗談を言い合いました。そうして二年が過ぎ、私たちの関係はさらに深くなっていきました。両親も気づいたようですが、何も言ってきませんでした。

結局、私たちの夢は実現しませんでした。どこかから恐ろしい嵐が吹いてきて、私たちの人生をめちゃくちゃにしてしまったのです。

ラマダン（断食）月のはじめの頃のことでした。明け方、彼の家族がみなセヘリ（夜明け前の食事）を食べるために起きてきたのに、彼は起きてきませんでした。彼の義姉さんが彼の部屋に行って声をかけたのですが、返事がありません。部屋に入ると、服が散乱しています。ベッドに寝ている彼を触ると、死人のように冷たくなっています。義姉さんは大声で叫びました。「ああ、どういうこと！」。

朝になって、姉が私を彼の家に連れて行くためにやってきました。私は彼の死について何も聞かされていませんでした。彼の家の前に来ると、みなが泣いていました。誰かが死んだのかもしれない、と思いました。私は彼を捜してあたりを見渡しました。あちらこちらを捜したのですが、彼の姿は見当たりません。どういうことでしょう、彼がどこにもいません。

私は置かれていた棺に近づき、顔を覆った白い布をとりました。信じることができませんでした。彼は私を残して逝ってしまったのです。私のどこが悪かったのでしょう。彼の顔をじっと見つめましたが、彼だということが信じられませんでした。そのとき、まわりの人から聞いたのですが、彼は前夜、殺虫剤を飲んで自殺してしまったということでした。

今でも、どうして彼が自殺をしたのか分かりません。約束したのです。絶対に私をおいてどこにもいかない、と。いつも言っていました。どこに行こうと私を連れて行く、と。でも、約束は守られませんでした。

彼の死によって、私の夢はすべて壊れてしまいました。気力を失い、生きる希望や生きる意味も見失ってしまいました。池のほとりのショジナの木の下に座り、二人の思い出をなつかしみました。毎年彼のお墓に行き、少しの間墓前に立つのですが、彼が私の問いかけに答えてくれることはありませんでした。私は無力のまま立ち去りました。

彼のことを忘れないために、もし自分に女の子が生まれたら「アハナフ・タハミダ」と付けようと決めていました。時間は勝手に流れていきます。時間は私の悲しみを癒してくれましたが、私の心から彼の思い出を消すことはできませんでした。

望まない結婚と娘の誕生

中等教育証明の試験に合格すると、私はカレッジに入学しました。私は再び恋をしましたが、その恋は成就することなく、私の意に反して、別の人と無理やり結婚させられてしまいました。しかし、私はこの結婚を受け入れることができないでいました。夫や義理の両親ともうまくいかず、とうとう実家に戻る決心をしました。一九九三年十一月十三日にシャムタ村に戻ると、もう二度と夫のもとには帰りませんでした。

ところが、私のお腹には赤ちゃんがいて、翌年の五月に生まれました。この子のおかげで、私と私の両親はそれまでの苦悩を忘れることができました。私は初恋相手の彼のために、彼のお気に入りだった「アハナフ・タハミダ」という名前を子供に付けました。アハナフは「信じる者」、タハミダは「アッラーの信者」という意味です。私の恋の証である名前です。娘はふだん、家族や村の人たちから「タンミ」というニックネームで呼ばれています。

私が実家に戻ってきたとき、家族の暮らし向きは悪くなっていました。両親は土地や家畜を売り、なんとか生計を立てていました。私は貯金の一部をくずして土地を買い戻しました。そして心の中で誓いました。なんとしてでも父が築いた家族の絆を取り戻すと。そうして私は再び人生を歩み始めました。

そのうちに父が病に倒れましたが、私は心を強く持ち続けました。たくさんの人が私に救いの手を差し伸べてくれましたが、私は人の助けを借りたくありませんでした。女の子でも、自分の力で人生を切り開くことができると証明したかったのです。

私の努力は無駄には終わりませんでした。年々、少しずつ状況が改善していきました。母と一緒に、アヒルや鶏、牛やヤギを飼い、それらを売って田畑を維持しました。田んぼで収穫した米と庭で作った野菜は家族で食べる分を残して、残りはバザールで売りました。父の薬と娘のための食べ物を買う以外、バザールで買い物をする必要はありませんでした。

私はベナポールにある生命保険会社でも仕事をしました。必要なものはすべて自給できたので、仕事でもらう給料の一部を銀行に貯金することもできました。こうして、私の家族は再び経済的に安定していきました。私も自信を取り戻し、深い悲しみから抜け出すことができたのです。カレッジを卒業することもできました。

ところが、どこからともなく不穏な風が吹いてきました。娘タンミの成長に関わることで、なにやら得体の知れない不安が私を襲い始めました。

タンミがお腹にいる頃、私は牛乳以外のものを口にすることができず、妊娠六か月のときに熱と下痢に苦しんでいました。生まれたとき、タンミはまるで骸骨のように痩せていました。呼吸をしておらず、みなすぐに死んでしまうと思っていました。ところが、少し経って、彼女はもぞもぞと動き出し、やっとのことで息を吐き出しました。

タンミはなかなか母乳を飲もうとしませんでした。三日経って、誰かがタンミにオレンジの汁を口に持って行くと、それを口にしました。母乳は飲みたがらなかったのに、オレンジの汁は喜んで飲んだのです。一週間経つと、やっとのことでタンミは母乳を飲み始めました。すると瞬く間に丸々と元気になってきました。

生まれて六か月経ったときは、すべてが順調に行っていました。一歳を迎えても歩き始めませんでしたが、人より少し遅いだけだと思っていました。一歳半のとき、高熱や水疱瘡、はしかに罹り、タンミを医者に連れて行きましたが、病状は一向に良くなりませんでした。

私や両親は不安でいっぱいでした。数日経って、病状は少し回復に向かったのですが、また別の問題が発生しました。タンミの口から異臭のする唾が流れ出し、唾の量は日に日に増えていきました。日が経つにつれて、タンミの体はところどころ深刻な不調をきたし始めました。

体のバランスをとってまっすぐに立ったり歩いたりすることができません。娘のこんな様子を見て、私も体調を崩してしまいました。

そんな日々が長い間続きました。おそらくタンミに、はしかの予防接種を最後まで受けさせていなかったのではないかと思います。だいぶ経って、タンミは一歩一歩、歩き始めましたけれど少し歩くとすぐに倒れてしまいます。

タンミの人生は前途多難の幕開けでした。それでも、この先たくさんの人たちとの出会いがあり、彼女はたくましく人生を切り開いていくことになります。私は、これまで私自身やタンミを支えてくれたすべての人々に、言葉では言い表せないほどの感謝の気持ちでいっぱいです。

兄たちの病とチューブウェル

実は私の家族も、井戸水に溶けた砒素の魔の手から逃れることができないでいました。

ある日、私がバザールに出かける準備をしていると、一番上の兄が買い物かごを持ってやってきました。そして、お客さんが来るから、バザールから魚と野菜を買ってくるようにと私に言いつけました。そのとき、兄の胸のあたりに、黒や茶色のぶつぶつとした斑点ができているのに気づきました。私はそのことを兄に聞いてみましたが、兄は何も答えず、早く買い物に行けと私にどなりました。私はバザールに出かけましたが、兄の体の斑点のことが頭から離れませんでした。

当時、村には電気がありませんでした。毎日夕方になると、ランプをともして宿題をしました。その日はどうしても集中することができません。兄の胸の斑点を思い出してしまうのです。あの斑点は、村の他の病人たちと症状が似ていました。私は怖くなって、父にそのことを伝えました。しかし、父は私の言うことを信じません。夕食後、私は再び父に兄の体の斑点のことを話しましたが、それでも父は私の言葉に耳を傾けませんでした。

ある日の夕方、父は家族のみなと一緒にショウコットのパラの不治の病について話をしていました。長兄もそこにいました。私は兄のシャツをめくり上げて言いました。「お父さん、見て。兄さんの体にもぶつぶつがあるのよ」。そのときは暗がりの中でよく見えませんでした。

父は翌朝、再び兄の体を見て言いました。「いつからあるんだ」。

兄は何も答えることができません。父は続けて言いました。

「お祈りもせず、アッラーの名も呼ばないからこういうことになるのだ。何度も言っているだろう、礼拝を決して怠ってはいけないと。わしの言うことを聞かないからだ」

隣にいた私は父に問いかけました。「お祈りをしないとこうなるの？　お父さん？」。

父は、「そうなることもある」と答えました。アッラーの命に背いたからだと。私はアッラーのことが怖くなりました。それならば、礼拝を忘れるわけにはいきません。お祈りをしないで、もし兄のようになったらどうしましょう！　それ以来、私は決してお祈りを忘れることはありません。翌日、父は長兄を医者に連れていきました。医者は薬をくれましたが、薬は全く効きませんでした。

そうして年月が過ぎていきました。長兄は日に日に弱っていき、働くこともできなくなってしまいました。兄の家族は家計が苦しくなり、時々父が支援をしていましたが、それでも十分ではありませんでした。兄のお嫁さんの体にも黒い斑点ができ始めました。父は、いったいお前たちの身に何が起こっているのだと問いただします。父はまだ分かっていないのです。兄の家族が不治の病に侵されていることを。まだ小さかった甥や姪にも同じ症状が出始めていました。

前にもお話ししましたが、私が生まれる前に長姉、次姉、そして三姉はお嫁に行きました。私が生まれたあとに四姉も結婚しました。結婚後、彼女たちは別の村の義理の両親の家で暮らしていました。彼女たちがシャムタ村に住んでいた頃は、村人たちは池や川の水を飲んでいました。だから姉たちは砒素の影響を受けることはなかったのです。

私の次兄の体にも砒素中毒の症状である斑点が現れ、腹部にはボーエンができていました。ところが、次兄のお嫁さんと子供たちにはそのような症状は出ていません。

長兄の病状が一番悪化していました。兄は二十年間マドラサのチューブウェルの水を飲み、七年間、実家のチューブウェルの水を飲んでいました。次兄も同じようにマドラサのチューブウェルを二十年間、実家のチューブウェルを七年間使い続けたのですが、症状は長兄ほど悪く

著者の家のチューブウェル

ありませんでした。長兄は身体の斑点が現れるだけでなく、高血圧やボーエン、胃痛なども患っていました。のちに砒素中毒が原因で右目の視力を失いました。一方、次兄は身体に斑点が出る以外には、胃と脳に異常が出ました。そして、胸と腹部に一つずつボーエンができていました。

私の両親と四人の姉たちの身体には、どのような症状も出ませんでした。みなが発症したわけではありません。病気になった者の間でも、症状はさまざまです。それはどうしてでしょう。私はその答えを探しましたが、未だに分からないままです。

一九七〇年以前には、シャムタ村の人々はチューブウェルの水を飲んだり、その水で料理をしたりすることはありませんでした。むしろ、チューブウェルなど見たこともなかったのです。富める人も貧しい人もみな、池や川の水、もしくはダグウェル（掘り井戸）の水を使っていました。池や川、ダグウェルの水を飲むことで、村人たちは常に水に起因する病気にかかっていました。コレラや下痢、赤痢そして腸チフスにかかることも珍しくなかったのです。

当時、医者の数は少なく、近隣の数村合わせても一人いるかどうかで、その一人もホメオパシー（同種療法）の医者だったりしました。私の地域では、シャムタから八キロ離れたナバロンバザールに一人のホメオパシーの医者がいました。当時はどの村でも、地元のコビラージの処方する薬が一般的だったのです。

腹痛や下痢のときには、パイナップルの葉にマスタードと塩を混ぜたものを食べさせられました。咳が出るときはバジルや香草、シウリの葉をはちみつと一緒に食べさせられました。赤痢には、シダの根と黒胡椒をつぶしたものが与えられました。それで病気は治ったものです。

熱が出ると、水浴びと米を食べることが禁止されました。大麦やサゴ椰子から採れるでんぷんで作ったサゴ玉を食べなくてはならず、頭に水を垂らして冷やしました。熱がひくと、新鮮な魚で作ったカレー汁、鶏肉、鳩肉などが与えられました。そうして五、六日してから、また普通の食事を開始することができました。

一九七〇年以降、村人たちは池や川の水を飲むと病気になることに気づき、地下水を主な飲用水として利用するようになりました。そして、それが習慣となると、また新たな病と向き合うことになったのです。それが「砒素中毒」でした。

第三章　シャムタから土呂久へ

九〇%の井戸が砒素汚染

一九九七年の三月のことです。国立予防社会医学研究所の医師と、日本の宮崎大学の十二名の学生、そして、アジア砒素ネットワークのメンバーがシャムタにやってきました。調査団はまず、村人を集めてミーティングを開き、砒素汚染問題をどのように解決していくべきか、村人たちと話し合いました。砒素について何も知らない村人たちに、砒素の汚染源、砒素中毒の症状とその治療方法について詳しく紹介したのです。

村人たちは砒素に関する説明を一通り聞いたあと、調査団がシャムタで調査することを許可しました。そして、調査計画とその後の予定について話し合いました。このミーティングを通して、村人たちは調査の補助をするための委員会を作りました。

ルトファー・ラーマン、シェル・アリ、アイナル・ホック、ファルク・ハッサン、そしてソライマン・バリが、シャムタの砒素汚染防止委員会の最初のメンバーでした。彼らの支援のもと、アジア砒素ネットワークはシャムタでの調査活動を開始しました。

調査団はマドラサを拠点とし、仕事を手伝ってもらうために、村の数人の若者をボランティアとして雇いました。タージ、アロムギール、アクラム、アノワル、クッドゥス、そしてカマルジャマンが選ばれました。そして、彼らを「シャムタ・ヤング・コミティ」と呼びました。私も日本の調査団と仕事をしたいと強く思っていました。でも、父が外国人に近づくことを許さなかったのです。

宮崎大学によるシャムタ調査

国立予防社会医学研究所の医師たち、日本人調査団、そして村人たちが一丸となり、村の家を一軒一軒回って聞き込み調査を実施しました。私はただ遠くから見ているだけでした。兄の子供たちや私の娘タンミも、日本人に近づくことを禁止されていました。調査団は毎朝シャムタにやってきて、夕方になると彼らが滞在しているジョソールの街に帰って行きました。

調査団は、村のすべてのチューブウェルの水質を分析し、砒素中毒患者のリストを作成しました。水質調査の結果、二八二本の井戸のうち二五二本（八九・三％）の水から、政府の指定する許容値の五〇ｐｐｂ（一リットルの水に五〇マイクログラムの砒素を含んでいる）よりも高い濃度の砒素が検出されました。驚いたことに、四十二本（一四・九％）の井戸の水から、許容値の十倍もの高い濃度の砒素が検出されたのです。当時のおよそ六八二世帯、三五〇〇人の村人口のうち、三六三人もの砒素中毒患者が見つかりました。調査団のメンバーは、あまりにも多くの病人が見つかったこと、そして村のほとんどの井戸が高い濃度の砒素に汚染されていることを知り、愕然とします。

調査が終わると、日本の調査団は村人に、砒素に汚染されていない水を飲むようにと言い残し、日本に帰ってしまいました。シャムタの村人は村の九〇％の井戸の水が汚染されていることを知らされました。砒素に汚染されていない水をどこで手に入れたらよいというのでしょう。村人たちは途方に暮れてしまいました。

回復したレザウル

レザウルの体調はさらに悪化していました。そこで、国立予防社会医学研究所の医師たちは考えました。もし、彼の病状を回復させることができれば、村人たちの失われた自信を取り戻すことができるのではないかと。医師たちは、シャシャ郡病院のナジムル・アーサン先生の治療を受けさせるために、彼を入院させました。

一か月後、レザウルの病状は少しずつ快方に向かっていきました。杖を頼りにしていた彼が、

杖なしで歩いています。さらに一か月後、医師たちはレザウルをジョソール県病院へと転院させました。ところが、ある日突然、彼は誰にも言わずに病院を抜け出し、シャムタに戻ってきてしまいました。村人たちは、その姿を見て驚きます。

レザウルが元気になったという知らせを聞き、私もその姿を一目見るために、彼の家を訪ねました。家の前の人だかりを見て、私は彼が死んでしまったのではないかと思いました。けれど、私の予想は間違っていました。驚いたことに、レザウルは病院での日々について村人に語っていたのです。郡病院も県病院も政府の病院はひどい環境だ、と話しています。「そこら中ひどいにおいがしていて、看護師はなまけてばかりだ」と。少し前まで牛小屋で寝ていた彼が、そんなことを言うのです。私は驚くとともにあきれてしまいました。彼は得意げに話をしていています。彼の目には病気から回復した喜びの光が浮かんでいます。不治の病に打ち勝ったのです。

明るくなったレザウル（1998年１月）

私は家に戻ると、父にレザウルのことを話しました。父もやはり信じることができません。私が日本人たちと働きたいあまりに嘘をついていると言うのです。そこで、自分の目で確認するために、父もレザウルの家に向かいました。そして彼の様子を見て、父は日本人と国立予防社会医学研究所の医師たちが言っていたことが本当だったと驚きました。井戸の水に毒が入っていて、それが不治の病の原因だったのです。父と同じように、他の村人たちも砒素の存在を信じるようになりました。

一九九七年五月の初旬、アジア砒素ネットワークは国立予防社会医学研究所の助けを借り、インドのコルカタにあるジャダヴプール大学のディパンカル・チャクラボーティ教授が開発した、素焼きの砒素除去フィルターを三〇〇個仕入れました。

シャムタ・バザールのそばに郡病院の支所があります。その建物の隣に、ヤング・コミティが仮の店舗を作り、砒素除去フィルターを売り始めました。一つ四〇タカです。店は患者やその家族でにぎわいました。私の父もバザールに行く途中でこの人ごみに気づき、店に近づいて聞きました。「何を売っているんだ？」。売り子の一人が答えます。「砒素除去フィルターですよ」。父は家に帰ると、私に四〇タカ握らせて、フィルターを一つ買ってくるようにと言いました。こうしてシャムタの村人は、砒素がフィルターでろ過された安全な水を飲み始めるようになりました。

その後、アジア砒素ネットワークの横田漠先生が率いる宮崎大学の調査団、谷正和先生が率いる宮崎国際大学の調査団、松本俊幸さんが率いる応用地質研究会（応地研）の研究者、そしてアクタール先生が率いる国立予防社会医学研究所の医師団が、地下水の砒素汚染レベル、村人の健康状態や栄養状態などと砒素中毒症状の関連を調べ始めました。このようにして、安全な水の供給とともに、砒素中毒患者に対する治療環境の整備に取り掛かったのです。

一九九七年八月のある日のことです。私はマドラサの脇を通り、家に向かっていました。国立予防社会医学研究所のアクタール先生、ハディ先生、セリム先生、そしてファルキ先生がマドラサから私の後をついてきて、家にやってきました。彼らは私の父にこう言いました。

「私たちの調査団で仕事をしてくれる女性を捜しています。あなたの娘さんが私たちと働く許可をいただけませんか?」

父はその場で許可をしました。若い世代が中心となって仕事をすれば、村人たちに砒素の問題をより確実に、より敏速に伝えられるのではないかと、父は考えたのです。私は、ぜひとも彼らと共に働きたいと強く思っていたので、本当に嬉しくなりました。私はすぐに調査団の活動に参加しました。

女性議員選挙で当選

一九九七年の十二月にバングラデシュ全国でユニオン議会選挙が開催されました。ユニオンはバングラデシュの行政区分の一つで、全国に約四五〇〇あります。シャムタ村は、ジョソール県シャシャ郡のバガチャラ・ユニオン内にあります。規則によると、各ユニオンから一人の議長が選出されます。ユニオンは九つのワード(区)から成っていて、各ワードから一人が議員として選出され、ユニオン議長のもとで行政を行います。以前、女性は議員選挙に出馬することができませんでしたが、この年からワード代表の男性議員と別に三つのワードから一人女性が議員になることが義務化されたのです。地域の有力者が、私に女性議員候補として選挙に出馬するよう求めてきました。シャムタ村はバガチャラ・ユニオンの第九ワードに属していて、第七、第八、第九ワードの中にある四つの村が私を候補者として擁立しました。

立候補者として選ばれたことに、両親は納得しませんでした。私など当選できないだろうと思ったからです。そこで、村人たちが両親を説得しました。「シャムタの村人たちはみなモンジュを慕っているよ。もし立候補したら、みなモンジュに投票するさ。モンジュが当選したら俺たちのために頑張ってくれるだろう」。

シャムタ、テングラ、バガダンガ、そしてモヒシャクラの村々の若者たちも、私が立候補するよう要請しました。若い世代が立ち上がれば社会を変えていくこともできるでしょう。私は彼らのことを信頼して立候補を決意し、立候補届出書をシャシャ選挙委員会に提出しました。ところが選挙委員会が、投票者リストに記載されている私の年齢が十八歳になっていると指摘してきました。二十五歳以上でなければ立候補できません。

私は二十六歳だったのに、投票者リストに間違えて十八歳と記載してあったのです。近所の人たちもそれを聞いてびっくりしました。いったいどうしたというのでしょう。シャシャの選挙管理委員会は、この年齢では選挙には出られないと、私の届出書を受け付けません。私を支援する若者たちが、すぐに地方選挙管理委員会に記載の訂正を求める請願書を提出しました。地方選挙委員会は私に、その書類をダッカに送り、訂正用の書類をダッカで受け取るようにと指示しました。そして翌日の夕方五時までにそれを再提出しない限り、選挙には出馬できないと言うのです。支援する若者たちは私に落ち着くようにと言いました。父は、次の機会に頑張ればいいじゃないか、と言いました。

たった一日の猶予しかありません。その日の夜、テングラ村のアジズルという青年が私の立候補に必要な書類をすべて持ってダッカに向かいました。あまりに不可能なミッションです。私はきっと立候補できないだろうと、みなとても残念に思っていました。

アジズルは翌日の早朝ダッカのガブトリ・バスターミナルに到着し、そこからダッカの選挙管理委員会へ向かいました。ダッカの選挙管理委員会の事務所に着くと、長い列ができています。投票者リストの名前や年齢の誤記載を訂正するために来ているのです。

アジズルは不安になりました。時間通りに手続きを済ますことができるだろうか、と。けれど彼はあきらめませんでした。彼は事務所に年齢訂正の申請をしました。受け取った番号札は三十番。自分の前に二十九人も待っています。今日は無理かもしれない。それでも待つしかないのです。匙を投げるわけにはいきません。朝九時を過ぎると選挙管理委員会の事務所員がやってきました。そして驚いたことに、少し待った後でアジズルの名前が呼ばれました。

アジズルは必要な手続きを済ませると、すぐさま出発しました。ガブトリ・バスターミナルからローカルバスに乗ってポッダ川のフェリー乗り場まで来ると、フェリーで川の反対側に渡って別のバスに乗り換え、シャシャに戻ってきました。選挙管理委員会に到着したのはちょうど夕方の五時でした。選挙管理委員会は立候補のための書類をすべて受け取りました。

アジズルはすぐに私たちの所に戻ってきて、みなに知らせました。

「モンジュは選挙に立候補できるぞ！」

それを聞いた村人たちは安心して胸をなでおろしました。

もし村の青年たちが私を支援してくれなければ、私は選挙に出馬することはできなかったでしょう。次の日、選挙ポスターを印刷するために数人でシャシャの市街地に行きました。ポスターが出来上がると、シャムタ、テングラ、モヒシャクラ、そしてバガダンガのさまざまな場所にポスターを貼りました。数日経つと、私が選挙に立候補することがみなに知れ渡りました。

何人かの青年たちが私をバガダンガとモヒシャクラに連れて行き、私を村人たちに紹介して回りました。「この人がモンジュさんだよ。紹介しようと思って連れてきたんだ」。

「あなたの名前は聞きましたよ。あなたに投票しようかと思っていたところです」と、一人の女性が答えました。

もう一人の女性が言いました。

「選挙の前はみないろんな約束をするけれど、選挙が終わったら誰も戻ってこないわ」

私は何も答えることができませんでしたが、心の中で誓いました。もし当選したら村人たちのために全力を尽くすわ、と。

投票の前夜、家族みなが選挙の結果をとても心配して、よく眠ることができませんでした。翌朝の八時から投票が始まり、私はシャムタの投票所で一番に投票を終えました。少しずつ村人たちが集まってきて、順々に投票を済ませていきます。村人たちは私を見ると言いました。

「シャムタの者はみなお前に投票するさ。この投票所にいても意味はないから、モヒシャクラ投票所へ行きなさい」

私の両親も投票所にやってきました。両親は私を見ると不安のあまり泣き出してしまったので、私は二人をなだめ、心配しないようにと言い聞かせてモヒシャクラ投票所へ行きました。
四、五人の大学生が私を見て言いました。
「アパ（お姉さん）、僕たちダッカで大学に通っているんです。だから立候補者のことを何も知らなくて。アパの名前が素敵だったのであなたに投票することにしました」

みなが私を応援してくれています。私は再び決心しました。もし当選したら貧しい村人たちのために一所懸命仕事をしよう、と。

その夜、選挙結果が公表されました。私は他の二人の女性候補者を負かし当選したのです。

議会の初日、当選した議長と三人の女性議員、そして九人の男性議員が議会に参加しました。私はその日、バガチャラ・ユニオン住人の福祉のために働く誓いを立てました。ユニオン議会では村裁判を取り仕切ったり、中央政府からの支援物資を分配したり、道の整備などを計画したりします。

日が経つにつれて分かってきたのですが、人々を代表して仕事をするというのはとても難しいことでした。貧しい人たちの役に立ちたいという目標を立てたものの、彼らのために何もしてあげられませんでした。貧しい人たちやお年寄りのために、政府から米や小麦、ビスケット、種、肥料、粉ミルク、温かい衣類、そして現金が支給されましたが、とてもわずかな量でした。わずかな配給をどのように分配しようかと、議長や議員はいつも頭を痛めていました。議員の中には自分の親類や知人に優先的に配る者もいました。こうしたことが蔓延していて、私一人の声はかき消されてしまいました。

ユニオン議員に当選したころの著者

私はユニオン議会で、ジャムトラ・バザールからシャムタ・バザールまでの道を舗装することを提案しました。そうすることで交通の便が改善されるからです。ところが、これに対して思いもよらない答えが帰ってきました。
「もしユニオン議長の支持する国会議員に四万タカ払うなら予算を組んでもいいだろう」
それを聞いて私の心は折れてしまいました。四万タカなど用意できるはずがありません。そして私はユニオン議会に出席するのをやめてしまいました。

私は貧しい人たちのために何もすることができませんでした。もう二度と選挙には出ないことを心に誓いました。この国の多くの議員は、選挙に当選しても自分自身や所属する政党のことしか関心がないのです。恵まれない人々の生活のことなど、どうでもいいのです。

私にも砒素の症状！

一九九八年二月、砒素中毒患者の症状を確認するために、アジア砒素ネットワークはシャムタでメディカル・キャンプを実施しました。日本から堀田宣之先生、古城八寿子先生、黒川基樹先生、津守伸一郎先生、そして国立予防社会医学研究所のアクタール先生、ハディ先生、セリム先生が、砒素中毒の重症患者一三五人を診察しました。私は古城先生が女性たちを診察するのをお手伝いしました。

患者たちを診察する合間に、私は古城先生に自分の手の平を見てもらいました。先生は「大丈夫ですよ」とおっしゃいましたが、私の首のあたりを見て気になることがあったのか、アクタール先生を呼びました。アクタール先生と古城先生はどうやら私のことも砒素中毒患者とみなしたようでした。私は先生方に、いったい私にどのような症状が出ているのか質問しました。

「君の首元にメラノシス（色素沈着）があるんだよ」と、アクタール先生が言いました。

「本当に私も病気なんですか?」。私は信じられずに聞き返しました。

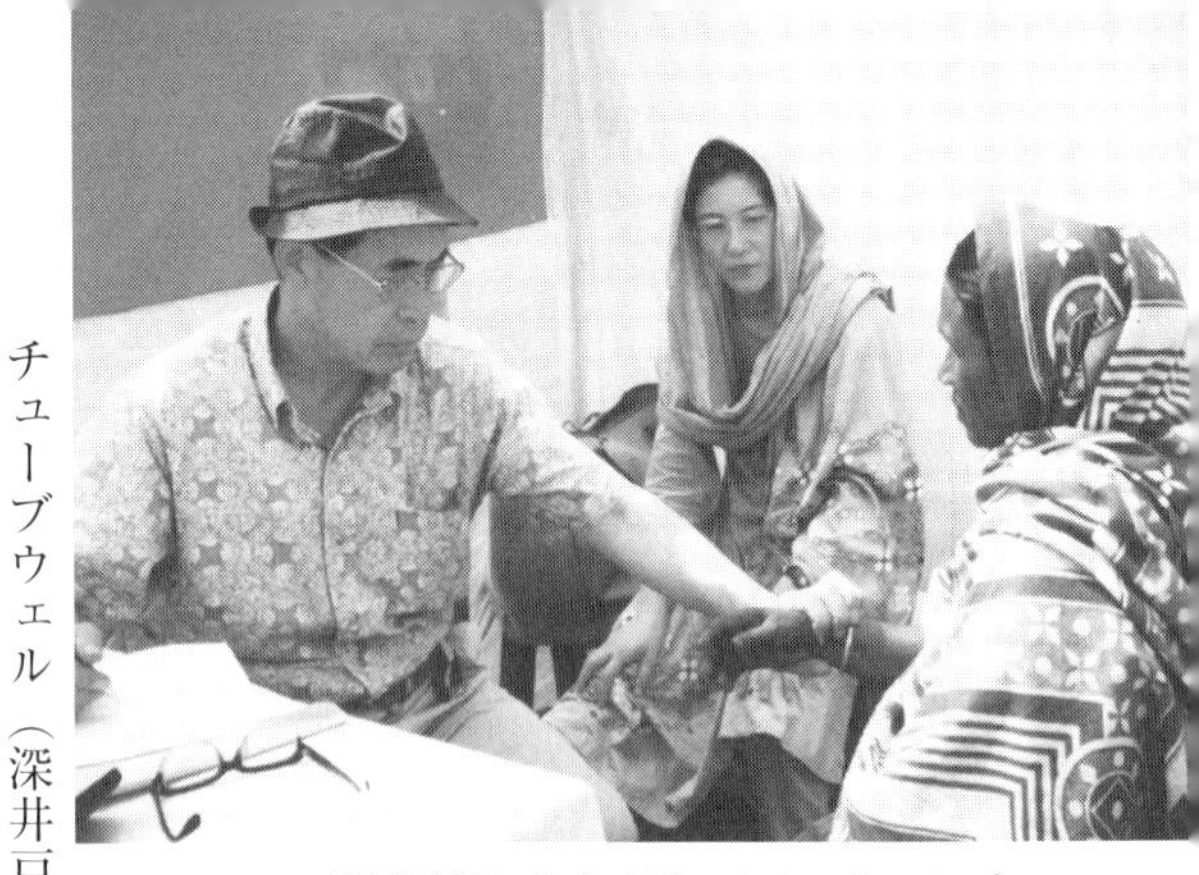

堀田医師によるメディカル・キャンプ

「まだ初期の段階だけれどね」と、アクタール先生が答えました。

こうして私自身も初期の砒素中毒患者と認定されました。アクタール先生は、安全な水と栄養のある食事をとるように、とのアドバイスをくれました。

メディカル・キャンプから帰宅すると、私は鏡の前に立ち、首のあたりを覗き込みました。そこにはほんの少しだけ薄黒い斑点がありました。でも、私は怖くはありませんでした。飲み水を替えれば健康になれると分かっていたからです。

私たち家族は自分の家のチューブウェルの水の代わりに、シャムタ・バザールの近くに公衆衛生工学局が設置したディープチューブウェル（深井戸）の水を飲むようになりました。ディープチューブウェルが汲み上げる水は、一般のチューブウェル（深さ二〇〜六〇メートル）よりも深い地下水層（深さ一五〇〜二五〇メートル）の水で、その水は砒素に汚染されていません。ただし問題があって、浅い地下水層と深い地下水層の間に、水の浸透をふせぐ厚い粘土の層がないと、砒素をふくむ水が深いところまで落ちていって、ディープチューブウェルの水まで砒素に汚染されるのです。幸い、シャムタ村の地下の浅い地下水層と深い地下水層の間には厚い粘土層があるので、ディープチューブウェルから安全な水が供給されました。

父が家から十五分ほど歩いて家族のために水を汲んできました。父が体調を崩すと、私が家族のために水を汲みに行きました。父は近所の人々や兄のお嫁さんたちに安全な水を飲むようにと言い聞かせていました。

メディカル・キャンプの結果、医師たちは診察した一三五人の患者のうち二十三人が皮膚癌、六十人が胃や肝臓の疾患、五十七人が気管支炎、そして四十四人が目の病気にかかっていると診断しました。このメディカル・キャンプによって砒素汚染による健康被害の深刻さが明らかになり、緊急に予防策をとる必要が出てきました。そこで一九九八年の二月から三月にかけて、アジア砒素ネットワークは国立予防社会医学研究所の医師たちと共に、シャムタ村で応用人類学的な調査を開始しました。

日本人との友情深まる

応用人類学的調査の初日は、忘れることのできない、とても印象的な一日として私の記憶に残っています。

その日の朝、日本人を一目見ようと、マドラサにたくさんの村人が集まっていました。まるでメラ（お祭り）でも開催されているかのようなにぎわいでした。日本から来た大学生たちが、

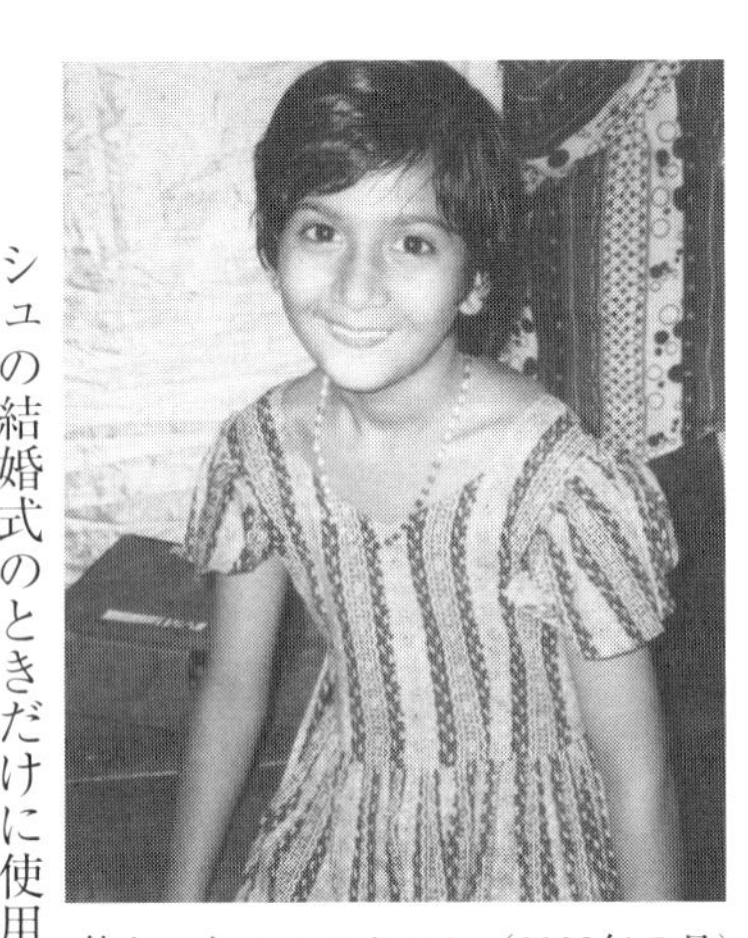

幼かったころのタンミ（2002年７月）

楽しそうに村の子供たちと一緒に遊んでいます。アクタール先生が私を日本の学生たちに紹介してくれました。学生たちは私を温かく迎え入れてくれました。

宮崎国際大学の女子学生たちを歓迎しようと、村の子供たちがメヘディ（ヘナの染料）を持ってきました。メヘディを使って日本人のお姉さんたちの手に模様を描いてあげようとしたのです。学生たちは、メヘディはバングラデシュの結婚式のときだけに使用するものだと思っていたようで、どこで結婚式があるのかと聞いてきました。メヘディは結婚式だけでなく、いろいろな機会で使われるのだと教えてあげると、その学生は喜んで手の平を差し出してきました。メヘディの葉をつぶしたペーストで、私が学生たちの手に花の模様を描いてあげると、学生たちは大変喜びました。

日本の学生たちが手にメヘディを塗っているのを見て思いました。ムスリムでもヒンドゥーでも仏教徒でもキリスト教徒でも、みな同じだわ！　みな手を合わせ、声を合わせて村のために仕事をするのです。宗教が異なるからといって差別があるわけではありません。みな血と肉でできた同じ人間なのです。

私は少しずつ日本人たちと親しくなっていきました。ある日、対馬幸枝さんが私たちの家を訪ねてきました。当時四歳だった娘のタンミはそのとき卵を食べていました。幸枝さんはタンミに卵をとても優しく食べさせてくれました。その日、二人の間に親密な友情が生まれ、以来、日に日にその友情は深まっていきました。

仕事を終えた幸枝さんが、私たちの家に夕食を食べに来てくれたとき、タンミは本当に喜びました。幸枝さんはタンミを抱き上げて可愛がりました。母親のような愛でタンミを抱いて、パラからパラを歩いて回りました。タンミは母親の腕の中にいるように、心から安心しきっていました。しかも、幸枝さんはタンミをダッカのリハビリセンターに送る手配をしてくださり、その治療費のすべてを負担してくれました。ダッカでの十五日間のセラピーで、タンミがするべき特別な運動療法を学ぶことができ、歩くバランスをずいぶんと改善することができました。私たち母娘は、幸枝さんの慈悲心を決して忘れません。

日本の大学生とシャムタ・ヤング・コミティの合同調査

アジア砒素ネットワークは、私とタージ、アノワル、そしてカマルジャマンに、国立予防社会医学研究所のフィールド・キットを使って、井戸水の砒素汚染を検出するためのトレーニングを受けさせました。研究所の先生方は私たちに、その経験や知識を伝授してくれました。宮崎大学の先生や生徒、そしてアジア砒素ネットワークのメンバーもトレーニングに加わり、違う国の人間が集まっているとは思えないほど、私たちの心は一つでした。まるで一本の木に咲いた満開の花のように、みな同じように咲き誇っていました。

トレーニングが終わると、実際にチューブウェルの水の検査を始めました。私の家のチューブウェルとマドラサのチューブウェルの水を検査すると、マドラサのチューブウェルの水から二〇〇ｐｐｂ、私の家のチューブウェルからは七〇〇ｐｐｂの砒素が検出されました。隣の家のチューブウェルからも七〇〇ｐｐｂ以上、なんと許容値（五〇ｐｐｂ）の十四倍の砒素が検出されたのです。私は本当にびっくりしてしまいました。

私たちは村人たちに、砒素に汚染されていない水を飲むようにと言って回りました。飲用や料理用でなければ、井戸の水を使っても大丈夫だとも伝えました。数日の間に、村人たちの生活習慣ががらりと変わり始めたのです。

村人たちは日本人を温かく受け入れ、そして日本人が村人たちの力になるためにこの国にやってきたのだということを理解しました。日本人たちも村人の問題に同情し、村人たちのために働き始めました。アジア砒素ネットワークのメンバーと一緒にシャムタを訪れた日本の有名な写真家・芥川仁さんも本当に寛大な心の持ち主でした。砒素中毒患者を経済的に支援し、患者の家を一軒一軒回って歩いていました。患者たちと苦楽を共にするためです。シャムタの裕福な者でさえ、砒素中毒患者のために時間やお金を割こうとなどしませんでした。シャムタの人々は、日本から支援に来た人々のことを決して忘れることはありません。

安全な水を供給

アジア砒素ネットワークがシャムタ村で砒素汚染対策のための調査を始めた頃、ディナジプール県出身の水供給技術者であるミジャヌル・ラーマン（ミジャン）さんが、日本の新聞で宮崎大学の学生の活動を知りました。ミジャンさんは当時、宮崎市で水供給に関するトレーニングを受けていて、この記事ではじめてバングラデシュの砒素汚染問題を知ったのです。砒素汚染についてもっと知りたいと思い、トレーニングを指導していた宮崎市水道局の人と一緒に、新聞に名前が載っていた川原さんの家を訪れました。川原さんはそのとき調査を終え、日本に帰国していたのです。

ミジャンさんは川原さんに、池の水をろ過して利用するのはどうかと提案しました。そして、宮崎大学の横田先生、水道局の宮田建生さん、アジア砒素ネットワークの川原さんは、池の水をろ過して飲めるようにするＰＳＦ（ポンド・サンド・フィルター）の情報を集めるためにインドを訪れました。

一九九八年、宮崎大学の横田先生がＰＳＦを設置するために、砒素汚染防止委員会のメンバーとミーティングを開きました。話し合いの結果、マドラサの隣のファルク・ハッサンの所有する池にＰＳＦを設置することになりました。ファルク・ハッサンはとても寛大な人柄でした。PSFのための池と土地を提供しただけでなく、砒素汚染対策が円滑に進むようにと、自宅の一部屋をオフィスとして使わせてくれたのです。国立予防社会医学研究所とアジア砒素ネットワークは、その部屋を使ってプロジェクトの会議などを行いました。

PSFの仕組みを簡単にご説明しましょう。

まず、行水をしたり、牛やヤギを洗ったり、洗濯や食器洗いなどに使われていない池を選定します。魚を養殖していたり、カモが泳いでいたりする池もだめです。一年中たっぷり水が溜まっている池を選びます。

その池の水を浄化するために、レンガやセメントで、六つの小部屋に区切られたろ過装置を作ります。池からパイプを引いて、手押しポンプで水を汲み上げると、最初の小部屋に水が溜められます。次の三つの小部屋には砂利が入れてあり、水が砂利の間を抜けていく際、汚れが除かれます。最後は細かい砂を使って水をろ過します。そして最後の部屋である貯水層に溜まったところで、殺菌のために水八〇〇〇リットルに対して二グラムのブリーチングパウダー（さらし粉）を混ぜます。そして、PSFに取り付けられた蛇口から、その水を汲むことができるのです。

PSFの設置作業が始まると、近隣の村から人々が様子を見に毎日、集団でやってきました。彼らが見たこともない工事が行われていたからです。ヤング・コミティのメンバーも朝から夕方まで、工事作業員と共にPSFの建設現場で働きました。いったいどんなものができるのだ

シャムタに完成したＰＳＦ

ろうと興味津々でした。

一九九九年一月、はじめてのＰＳＦが完成し、マドラサの校庭で完成を祝う式典が開催されました。この地域の女性たちがＰＳＦの水を汲み始めました。ところが、思いがけない問題も発生しました。ＰＳＦの水は井戸の水と違い、冬場にとても冷たいのです。そのせいで村人たちは風邪を引いてしまいました。そしてＰＳＦの水を飲むのも止めてしまったのです。私たちは家々を回り、ＰＳＦの水を飲むことの重要性を説明し、冷たい水にも慣れてしまえば大丈夫だと説得しました。村人たちは私たちのことを信じ、再びＰＳＦの水を利用するようになりました。そして、それが少しずつ習慣となっていきました。

貧困層に多い患者

私たちが食事をとる一番の理由は、健康で強い身体を保ち、活動的でいられるためにです。どんな食べ物を食べても、お腹はいっぱいになります。ですが、それだけでは身体の要求を満たすことはできません。私たちは食事の栄養価についても知らなくてはなりません。

バングラデシュでは食べ物の不足よりも、日々の食事の栄養価の方が大きな問題となっています。メディカル・キャンプの後、一九九九年から二〇〇〇年にかけて、谷先生が率いる日本の調査団が、シャムタで村人の栄養摂取に関する調査を行いました。対象にした三十五世帯を「砒素中毒患者のいないパラの世帯の食生活」、「多くの砒素中毒患者がいるパラの世帯の食生活」、「数人の砒素中毒患者がいるパラの世帯の食生活」の三種に分類し情報を集めました。調査の目的は、砒素中毒の度合いと栄養摂取の関係性を知るためでした。私はその調査にも参加しました。

調査団は朝の五時半にシャムタにやってきて、一チームが一家族すべてのメンバーの一日の労働の内容と、食事内容を記録しました。例えば、ある家族が朝起きてどんな仕事をし、どれだけの量の食事をとり、決まった食事以外にも軽食などを食べるのか、そして労働に見合った量の食事をとっているかなど、さまざまな情報を集めました。そして、村人たちが一日の最後に晩ご飯を食べ終えるのを確認すると、調査団はジョソールへ帰って行きました。

村の人々はふつう朝とても早く起きます。男性たちは朝起きるとまずトイレに行き、手や顔を洗います。女性たちはカモや鶏の小屋の扉を開け放ち、餌をやります。家の中や庭を箒で掃き、それから朝ご飯の準備をするために台所へと向かいます。

ある朝、調査に向かうと、調査対象の家族がちょうどパンタ・バット（前日の余ったご飯を水に浸した粥）を食べようとしていたところでした。パンタ・バットには大量の細菌がいるといいます。外国の人が食べると、すぐにお腹を壊してしまうそうです。バングラデシュ人が食べてもなんともありません。バングラデシュの人々の免疫力と消化能力はとても優れていると、調査団はひどく驚いていました。

私は家族一人一人のお皿に盛られたご飯と、トルカリ（おかず）の重さを計測しました。家族のメンバーの誰がどのくらいの量を食べるか測定したのです。当初、この作業が村の人たちにとって迷惑なのではないかと、調査団は不安をもっていました。一日中家族に付きまとって食事の重さを量るのです。私は村の人々に説明して回りました。日本人が調査に来ても、嫌がらずに協力するようにと。調査は私たちのためになるものだと。村の人は少しも嫌がらずに協力してくれました。反対に、調査団が家に来ることを楽しんでいるようでもありました。日本人が村のために働いていることを理解していたのです。

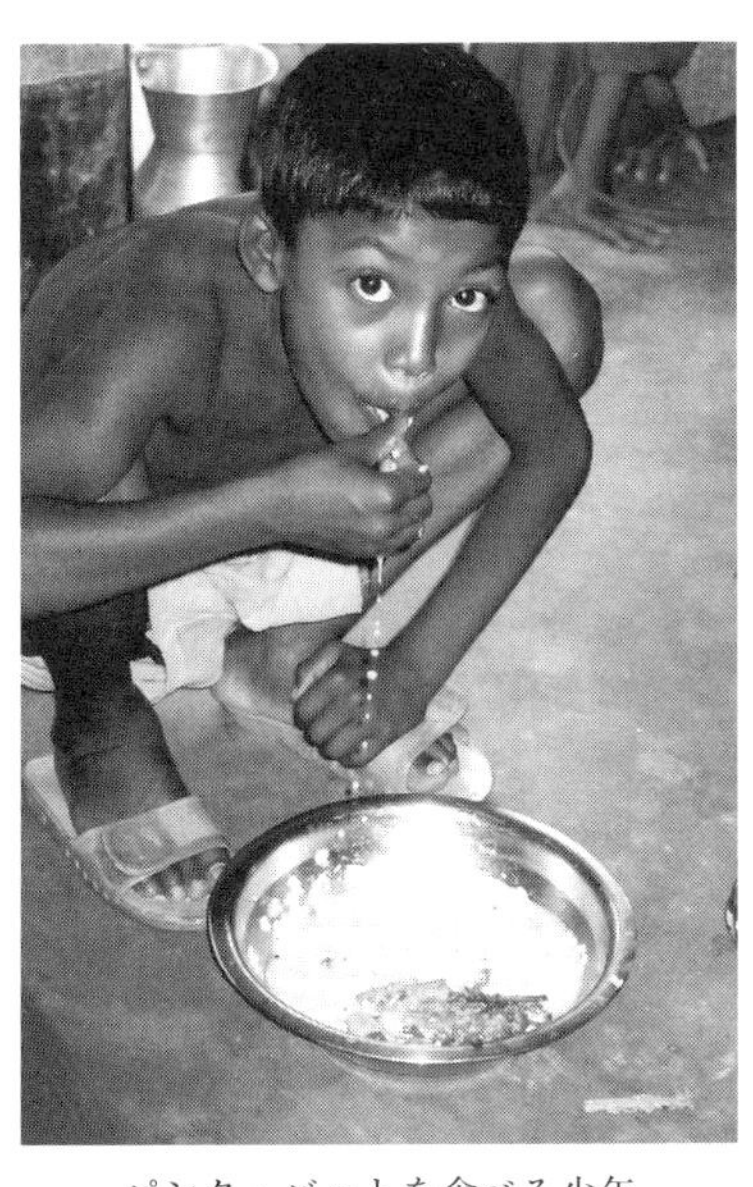

パンタ・バットを食べる少年

朝ご飯のパンタ・バットの重さを量って気づいたのですが、家族の中でも年長者が一番多くの量の食事をとっていました。反対に年齢が低い者は摂取量が少ないのです。ナツメヤシの蜜でパンタ・バットを食べる人もいれば、トルカリと一緒に食べる人もいました。生の唐辛子や、炒って干した唐辛子と玉ねぎでパンタ・バットを食べる人もいます。私はナツメヤシの蜜の重さも量りました。私たちが重さを量り終えると、家族はやっと朝ご飯を食べることができました。

調査団は食事以外の村の習慣も注意して観察していました。バングラデシュの女性たちのさまざまな仕事の様子を見て、日本人たちは圧倒されていました。料理から始まり一日中、本当にたくさんの仕事に追われているのです。日本人たちは調査の合間に、村の女性たちの仕事を手伝おうとしました。自分たちも同じことができるかどうか試してみようと思ったのです。調査団は村人たちに混ざって活動をし、まるで一緒に生活をしているようでもありました。

家で仕事をしている人たちは、仕事の合間にちょくちょく物を口にしていました。チラ（米を蒸して潰した保存食）やムリ、ビスケットや果物などです。こまめに水も飲んでいました。ところが、田畑やその他の場所で仕事をしている男性たちは、おやつなどを口にする機会はなく、水さえなかなか飲むことができません。私たちは三度の食事以外の軽食等もすべて重さを量りました。一日の栄養摂取リストに加えるためです。

そうして村を回っていると、お昼ご飯の時間になりました。昼食の準備の前に女性たちは水浴びをし、それから台所に入りました。私たちも一緒に台所について行きました。その家の奥さんがすべての食材を用意すると、私と高橋美智代さん、有馬未希さん、そして中村真祐美さんが手分けして、生の米、トルカリ用の野菜、玉ねぎ、にんにく、とうがらし、そして油の重さを量りました。みなで奥さんの料理の手伝いもしました。ところが、日本の女性が野菜を切ろうとしても、うまく行きません。バングラデシュのボティという、床に置いて使うナイフは、日本の包丁とは勝手が違うからです。

料理が終わると、私たちは再びお皿に盛られたご飯とトルカリの重さを量りました。一キロの米は三キロのご飯になりました。野菜も調理する前と比べると三倍の重さになりました。

ボティで野菜を切る女性

昼食時に家族が再び集まります。そして一人一人のお皿にご飯が盛られていきます。私たちはそのすべての重さを量りました。

昼食が終わると、男性たちはバザールに買い物に行ったり、畑仕事に戻ったりします。夕方になると、茶屋に集まって世間話をします。そのとき、お茶やビスケット、パン（噛みタバコ）などを食べます。それらすべてを一日の栄養摂取リストに加えていきました。

一方、女性たちは昼食後、お皿を洗ったり、牛やヤギに餌をあげたりします。日差しが弱まると庭の木陰にゴザを広げ、ノクシカタ（刺繍）を作ったり、枕カバーを縫ったりなどさまざまな手仕事をしました。女性たちはこの手仕事の合間にもおやつを食べたりしました。それも一日の栄養摂取リストに入ります。夕方になると、牛やヤギを小屋に戻し、夕食の準備にとりかかります。いくつかの家族は昼食の残りを晩御飯にします。また一から食事の準備をする家族もあります。

私たちは調査した家族一人一人の一日の栄養摂取リストを作りました。そして摂取量とその栄養価を、大人と子供に分けて計算しました。一か月に何度、魚や肉を食べるのかなども質問して調べました。

調査の結果、砒素中毒患者はタンパク質の摂取量が比較的少ないことが分かりました。また、砒素中毒患者のいないパラでは、比較的多くのタンパク質を摂取していました。つまり、砒素中毒患者は、必要な量のタンパク質を十分に摂取できないほど貧しい食生活をしていたのです。多くの患者は貧困層に属しており、肉や魚を買う余裕がないのです。

栄養調査が終わると、国立予防社会医学研究所の医師たちは患者の爪や髪の毛を採取し、ラボラトリーで栄養状態を測定しました。そして、砒素中毒対策として、安全な水を飲むだけでなく、ビタミン類も摂取しなくてはならないということが分かりました。ビタミンA、ビタミンE、そしてビタミンCです。栄養状態を改善すれば、砒素中毒の症状が緩和するのです。手の平や足の裏の角化には、サリチル酸の軟膏が効果的でした。今では、それらは一般的な砒素中毒症状の治療方法となっています。

森の中で金鉱探し？

栄養調査と並行して、アジア砒素ネットワークと応用地質研究会（応地研）、そして宮崎大学の横田教授と工学部土木工学科の学生たち、バングラデシュ・ラジシャヒ大学採鉱学部のハミドゥル・ラーマン教授が、地下水の砒素汚染のメカニズムを突き止めるために、シギルの森でボーリング調査を開始しました。

村の人々は日本人が森で金脈を探しているのだと勘違いしました。昔、この地域にはジョミダールが住んでいたので、財宝が埋まっているとでも思ったのでしょうか。村人が金脈について私に聞いてきたので、「金の鉱脈でなくて、砒素の鉱脈が見つかったのよ」と答えました。

調査団は地元の人々が井戸を掘る要領で、人力で五か所を異なる深さで掘り、土壌のサンプルを集めました。土壌検査を終えると、その五か所に試験的にチューブウェルを設置しました。五つのチューブウェルは順番に三メートル、六メートル、三〇メートル、五〇メートル、六〇メートルと深くなります。応地研は週に一度、五か所のチューブウェルの水深と砒素汚染濃度をヤング・コミティに計測させ、私にそれを報告する役割を与えました。応地研は今でも月に

応地研によるボーリング調査

二度、五つの井戸の情報を収集しています。
村人の中には、私たちの活動に反対する者もいました。警察を呼び、私たちから罰金を取ろうともしました。金を払わない限り活動を禁止すると言ったのです。私はユニオン議会のメンバーだったので、私たちを糾弾しようとする村人の名前を警察から聞き出し、必要なら私がお金を払うと伝えました。ですが、彼らには私たちの前に姿を現す勇気はなかったようです。そして、日本人がシャムタ村のために仕事をしていることを理解したのでしょう。それ以降、彼らも私たちの仕事を手伝うようになったのです。

整然とした国、日本へ

一九九八年十一月に、アジア砒素ネットワークと応地研と宮崎大学が共催して、横浜市で「第三回アジア地下水ヒ素汚染フォーラム」を開きました。バングラデシュからの参加者の一人として、なんと私が選ばれました。他に国立予防社会医学研究所のファルキ医師も参加しました。私の両親は、はじめ私が日本に行くことに反対しましたが、アジア砒素ネットワークの水供給技術者であるミジャンさんが説得してくれて、イスラム教で禁じられている食べ物は決して口にしないという条件で、二人は私の日本行きを許可してくれました。

日本へ旅立つ前に、私はアジア砒素ネットワークの真祐美さんと一緒に、ジョソールの街中に買い物に出かけました。私はサリーを一枚と靴を一足、そしてスーツケースを買いました。真祐美さんは、私がフォーラムに参加して砒素についてよく学ぶことで、バングラデシュの砒素中毒患者のためにより良い支援ができるようになるだろうと言い、私の背中を押してくれました。

十一月のある朝、日本に向けて旅立ちました。私は不安でたまらず、アッラーに祈りました。家を出る前に、両親が私に抱きついて大声で泣き出しました。隣には私の娘が笑って立っています。私は両親に心配しないようにと言い、両親と娘に見送られて家を出ました。

ダッカの空港に到着し飛行機を目にすると、私はますます不安になりました。飛行機に乗るのは人生で初めてでした。こんなに大きな機体が、空を飛んでいるときは小さな鳥のように見えるのです。いったいどうやって、そんなに空高くまで飛んでいくのでしょう。私はすっかり緊張してしまいました。

機内では、隣の席にファルキ先生が座りました。先生は何度も私に調子はどうかと尋ねてくれました。トイレの場所をたずねると、先生は場所を指さして教えてくれました。トイレの水を流すと、「フォシュッ」という音がしました。私はヘビが出たのだと思い、座席に戻って先生に伝えました。「トイレにヘビがいるようなんです」。先生は笑いだして、トイレの仕組みを教えてくれました。それを聞いて、私は恥ずかしくなりましたが、それからはトイレに行くのも怖くありませんでした。

経由地のシンガポールの空港には、さまざまな国の人がいました。こんなにたくさんの異なる人種の人々を見たことがなかったので、本当に驚きました。

成田空港に到着すると、真祐美さんが私の名前を書いた紙を手に持って立っていました。幸枝さんも一緒です。幸枝さんは私の体調を心配し、温かい上着を渡してくれました。相変わらず母親のように優しく接してくれました。

それから私たちは電車の駅に向かいました。日本のルールを知らなかったので、私は飴の包み紙を電車の中に捨ててしまいました。すると、真祐美さんが言いました。

「日本にはゴミを捨ててはいけないというルールがあるのよ。そこかしこにゴミを捨てると罰則を受けることもあるわ」

日本は、私にとって夢のような国でした。すべてのものが整然とし、とても清潔です。日本人は洗練された国民なのでしょう。バングラデシュで幸枝さんと一緒に仕事をしていたときもそうでした。幸枝さんはゴミを捨てずに自分のバッグにしまい、家に帰ってからゴミ箱に捨てていました。幸枝さんは私たちにも、常に身の回りを清潔に保つよう心掛けなさいと注意したものです。

私たちは、日本の首都東京からそれほど離れていない横浜という都市に行きました。人と車が街にあふれています。それなのに街はとても静かなのです。みな忙しそうにしていました。

あるホテルにたどり着くと、そこにアジア砒素ネットワークと応地研のメンバーが集まっていました。夕食の会場に行くと、テーブルの上にたくさんの料理が並んでいます。料理を眺めていると突然父との約束を思い出し、ほとんど料理を口にすることができませんでした。川原さんと堀田先生が私の事情を察してくれ、私に果物を持ってきてくれました。

横浜でのフォーラム

フォーラムが始まりました。たくさんの人が参加しているのを見て、私はまた不安になりました。砒素中毒にかかった日本の患者さんもたくさん来ていました。

私はスピーチを用意していました。私がベンガル語で話すのを、真祐美さんが日本語に通訳してくれました。私が話した内容は次のようなものでした。

私たちベンガル人は、子供の頃から日本は「日の昇る国」として教えられます。広島や長崎の惨劇についても学校で習いました。日本とバングラデシュの国旗はよく似ています。

私たちベンガル人は、日本のことをたいへん親しみ深く思っています。

バングラデシュは世界の中でもとても貧しい小さな国です。貧困、栄養失調、伝染病が蔓延し、さまざまな自然災害が日常的に起こっています。一方で、バングラデシュには、息をのむほど美しい風景が広がっています。見渡す限りの緑の田園、そして川が網のように縦横に流れています。ある詩人がこう詠みました。「こんな国は他にないだろう。すべての土地の女王、私の故郷よ」。私は、そんな美しい国に生まれたことをとても誇りに思います。

私はバングラデシュの南西部、ジョソール県のシャシャ郡にあるシャムタという小さな村で生まれました。長い間、村人たちは謎の皮膚病に苦しんでいました。体中に黒い斑点ができ、手の平や足の裏に固いイボのようなものができます。この病にかかると、四六時中疲れがとれません。病人の中には深刻な症状の者もいて、そのうちの多くは死んでしまいました。初期症状の病人たちは、病院に行って医者に診てもらっていましたが、容態は改善しませんでした。

村人たちは病人を見ると、日ごろの行いが悪いせいだと言いました。伝染する病だと思い込み、病人を避け、仕事も与えませんでした。病人は、イードやプジャ、結婚式などの地域の祭りに参加することもできませんでした。この病のせいで、村社会や住人にさまざまな問題がもたらされました。娘たちの結婚が破談になり、離婚させられた嫁も多くいました。シャムタ村の病人の数は日に日に増えていき、隣村でも同じような病気が蔓延していると聞きました。

ある日、数人の紳士が私の村を訪れました。国立予防社会医学研究所の医師だと自己紹介しました。礼儀正しく、誠意のある話し方でした。彼らは次に村を訪れたとき、何人かの日本人を連れてきました。日本の方々もまた、とても親切でした。国立予防社会医学研究所の医師と日本人は、何度かシャムタを訪れ、井戸の水を検査し、私たちを診察し、そして薬をくれました。砒素除去フィルターも配付しました。彼らは今、池の水を砂でろ過する装置を作っています。

村人たちはみな、小さな子供から大人まで、日本人のことをとてもよく知っています。対馬さん、川原さん、堀田先生、緒方隆二さん、末希さん、安部さん、真祐美さん、仁さん、そして高藤秀男さんは、シャムタの村人たちと特に親しくなりました。みな、アジア砒素ネットワークのメンバーです。彼らはバングラデシュの砒素問題を解決するために人生を捧げてくれました。

私は小さな頃から、井戸の水は安全だと教えられました。ところが今は、井戸水には砒素の毒が含まれていて、それを飲むことは危険だということをみな知っています。アジア砒素ネットワークの活動を支援するために、私たちは村に砒素汚染防止委員会を立ち上げました。この委員会は現在、シャムタの近隣の村の井戸水の検査を行っています。

今、私は二つのことを期待しています。もし、私たちの地域に砒素センターができれば、患者は遠くの病院に行かずにそこで治療を受けることができます。そして、患者たちに毎月薬を配給する仕組みをつくれば、永続的に患者を支援することができます。私は、この二つの望みが実現することを祈っています。

スピーチのあと、私はシャムタの砒素中毒患者や私の現在の仕事などについて、会場の人たちと意見交換をしました。参加者たちはシャムタの悲惨な現状を知り、とても驚いていました。会場には、駐日バングラデシュ大使も来ていました。私の発表が終わると、大使は私のところに来て、シャムタ村の現状についてさらに詳しく知りたいとおっしゃいました。私は村人の苦悩についてお話ししました。大使の目には、村人への憐みが浮かんでいました。私は、シャムタに幸運が訪れようとしているのかもしれないと感じました。バングラデシュ政府がシャムタの患者支援のために動いてくれるのではないか、と。しかし、私のこの夢は未だに実現していません。

阿蘇で見た奇跡の光景

横浜でのフォーラムが終わると、私は日本のさまざまな地域を訪れることになりました。ア

日南海岸を訪ねた著者（中央）

ジア砒素ネットワーク事務所のある宮崎市に滞在したとき、当時宮崎大学医学部に留学していたドクター・オマール・ラーマンが、私たちを家に招待してくれました。ドクターは私たちのためにバングラ料理を準備してくれたのです。その日、私はやっとお腹いっぱい食事をとることができました。

ある日、日本の友人たちと共に宮崎県の綾町を訪れました。そこは緑の森に囲まれた山間の町です。森の中に入って行くとき、私は猛獣が出てこないか心配になりました。歩きながら何度もアッラーに祈りました。危険な動物はいないのか、と真祐美さんに尋ねると、野生の動物はここからずっと離れたところに棲んでいるとのことでした。森の木々にはたくさんの果物がなっていました。オレンジ色の実を一つとって齧ってみましたが、食べられる実ではありませんでした。すると一緒にいた友達が、どれが食用で、どれがそうでないかを教えてくれました。

日本は日の昇る国だと聞いています。私はなんとかして日の出を見てみたいと思っていました。そして、その夢が叶ったのです。宮崎市を流れる大淀川のほとりのホテルに泊まっていたときのことです。翌朝に朝日を拝もうと思っていたので、夜はよく眠ることができませんでした。
明け方にベッドを出て、ベランダに行き、朝日が出るのをじっと待っていました。少し経つと、空に敷かれた真っ赤なカーペットから、そっと太陽が顔をのぞかせました。私は驚いてしまいました。

ねえ、太陽さん、こんなに早く顔を出すなんて思わなかったわ
今日はもう会えないのかとも思ったのよ
でも、会えたのね、今日はなんてラッキーな日かしら！

私たちは阿蘇火山を訪れました。そこにはアッラーがお創りになった奇跡のような光景が広がっていました。阿蘇火山の中央部から、溶け出した溶岩と煙がひっきりなしに噴出しています。煙からは異臭がしています。煙には硫黄が混ざっていて、吸い込むと死んでしまうこともあるそうです。私が寒さに震えていると、横田先生が自分のジャケットを私にかけてくださいました。
私は真祐美さんと一緒に、併設された火山博物館に行き、火山の噴火の様子をビデオで見ま

した。その光景に、私はすっかり震え上がってしまいました。アッラーの最後の審判の際に起こる天変地異のことを何度も思い出したからです。大きな石がものすごい音を立てて転がっていき、そしてまた、ものすごい音を立てて別の石にぶつかっています。こんなに大きな石が自然界にあるなど想像もしませんでした。人間や機械が作った石ではないのです。

闇の歴史の証人

私は土呂久という山間の村も訪れました。かつて土呂久には鉱山があり、一九二〇年から一九六二年にかけて、大量の亜砒酸（三酸化二砒素）が製造されていたそうです。亜砒酸は人間を死に至らしめる猛毒です。この毒が土呂久の土地や川、飲み水や空気を汚染し、多くの村人が砒素中毒にかかって亡くなりました。村のみずみずしい木々も枯れ果ててしまいました。動物たちも多く死んでしまったそうです。何もかもが破壊されたのです。

この場所に立っていると、この地で亡くなった人たちの悲しい泣き声が風にのって響いてくるようです。土呂久村は日本の闇の歴史の言葉を持たない証人なのです。バングラデシュのシャムタ村の住人が言葉にできない苦しみを胸に秘めているのと全く同じでした。

私は、かつてこの村に住んでいた人々の苦しみを理解することができました。彼らの苦難を想像すると、私の心はいつも泣き叫びます。亡くなった方々はみな、焼けつくような痛みとともに、この世に別れを告げたのです。私はどうお悔みの言葉をかけたらよいのかさえ分かりません。

土呂久よ、お前もシャムタと同じように、悲しみを胸に秘めているのね
シャムタもお前のように多くの命を失ったのよ
でも、誰にも相談できずにいるの
お前の叫びを聞いたわ、お前の悲しい泣き声も
子供を失くした母親のように、四六時中心の中で泣いている
シャムタと同じく、お前も自分の土地の上で失われた命のために泣いているのね

私たちは佐藤鶴江さんという方のお宅に伺いました。しんと静まり返っている家は、とても綺麗に装飾されており、玄関の前にはたくさんの木をあしらった庭がありました。
その庭を歩いていると、私は不思議な虚無感に襲われました。死のような静けさが家を取り囲んでいました。いったいどうしたというのでしょう。真祐美さんに聞いてその答えが分かりました。佐藤鶴江さんは砒素中毒にかかって亡くなったそうです。私は心が重くなりました。胸がひどく痛みました。

あなたの素敵に飾られた家を見て、みな心を奪われました
木々も鳥たちも、あなたの名前を呼んでいます
私も遠いバングラデシュという国から、あなたを訪ねてきました
それなのに、あなたはここにはもういません
ただむなしく風の音があたりに響いているだけです
佐藤鶴江さん　あなたは私たちの記憶の中で生きています

土呂久で砒素汚染が起こると、村人たちは地元の行政に、鉱山会社が亜砒酸という猛毒を製造し地域を汚染していると訴えました。ところが地元行政は村人の声に耳を傾けませんでした。のちに鉱山が閉鎖されると、何人かの村人が砒素中毒に侵されていることが発覚しました。患者たちは行政の斡旋(あっせん)を受けて、鉱山会社から慰謝料を受け取りました。ところが、支払われた慰謝料は十分ではありませんでした。鶴江さんは仲間の患者と、鉱山会社を相手取り十分な賠償の支払いを求めて訴訟を起こします。ところが、最後まで日の目を見ることなく、一九七七年に亡くなってしまいました。親族や親友たちを残し、永遠にみなのもとから去ってしまったのです。

私は鶴江さんの思い出を胸に刻むために、彼女の遺影の前に立ち、両手を胸の前に広げてアッラーに祈りを捧げました。川原さんも遺影の前に正座をし、じっと黙っていました。その

表情から川原さんの心を推し量ることができました。私の目には涙がこみ上げてきました。

鶴江さんの家を後にするときに、私は再び遺影を見つめました。どうか砒素中毒でもう誰も命を落とすことがありませんように、彼女はそう言っているように見えました。そうです、私たちはそのために全力を尽くしているのです。

涙の抱擁

日本での滞在を終え、私はバングラデシュに戻りました。ジャムトラのバス停に到着したのは午後二時半のことでした。私は帰ってきたことをまだ家族に伝えずにいました。突然戻って両親を驚かそうと思っていたのです。

家に帰ると、父はお祈りをしていました。目の前に現れた私を見て、父はびっくりしました。目に涙をためて私を見つめながら言いました。

「モンジュよ、帰ってきたのだね。隣に座りなさい」

母は台所から走ってやってきて、私をきつく抱きしめ泣き出しました。

「なぜ泣いているの？　タンミはどこ？」と私が聞くと、父が「タンミと一緒にいられなくて辛かったか」と私に聞きました。

「もちろん」と私が答えると、父は「お前が子供に会えなくて辛いように、私たちもお前に会えなくて辛かったんだよ」と言いました。「だからアッラーにお祈りをしていたんだ。私の子供が無事に帰ってくるようにと」

父の言葉を聞いて、私も泣いてしまいました。「お父さん、私、帰ってきたわ」。

タンミがやってきて横から口を挟みました。

「帰ってきたの？　なぜ？　私たちは大丈夫よ」

「そんなことを言うなら、また出かけるわ」と私は答えました。

「行けばいいわ」

私はタンミにそばに来るように呼びましたが、私のところには来ず、私の母の方に行ってしまいました。タンミも親の心を分かっていないのです。自分も母親になれば私の気持ちも分かるでしょう。

第四章　患者支援

悪化する症状

日本から戻ってくると、数人の砒素中毒患者の容態がひどく悪化していました。早急に治療を受ける必要があります。中でもフルスラットの病状が特に悪く、私は国立予防社会医学研究所のアクタール先生に相談をしました。先生は、一刻も早く彼女をダッカの癌病院に連れてくるようにと言います。研究所の医師たちが治療の手配を進めてくれるそうです。

私はヤング・コミティのアシュラフルと共に、フルスラットを連れてダッカへと向かいました。まともに歩くことすらできない彼女をダッカに連れて行くのは、本当に大変なことです。私はとても不安でした。

ジョソールからダッカへは、通常でもバスで五時間ほどかかります。川を渡るためのフェリー乗り場が込み合うと、八時間から十時間ほどかかることもあります。長時間の道のりの中で、フェリーに乗っているときだけが唯一の休憩時間です。その間にトイレに行かなければなりません。ところがフルスラットは、長い時間トイレを我慢することができず、フェリー乗り場に着く前に、バスの中で排泄してしまいました。乗客は尿のにおいに腹を立て、私たちを責めます。けれど、私たちには何もなすすべがありませんでした。

翌朝、バスはダッカのガブトリ・バスターミナルに到着しました。フルスラットは何よりもまずトイレに行かなくてはなりません。私がトイレを探している間に、彼女は待ちきれずに、二台のバスの間に隠れて用を足そうとしました。すると突然、一台のバスが動き始めました。彼女は咄嗟にサリーの端で顔を隠し、私は彼女を覆い隠すようにして前に立ちました。彼女の恥ずかしさと無力感を思うと気の毒でたまりませんでした。

ダッカの癌病院に到着して、フルスラットの治療について受付に問い合わせました。ところが、受付の人たちは何も聞いていないと言います。夕方まで受付で待ちましたが、アクタール先生からの連絡はありません。先生の電話番号は知らされていませんでした。

夜が近づくにつれて、ますます心細くなりました。泊めてもらえるような知り合いもいません。体も洗えず、まともな食事もしないまま、一日が過ぎようとしています。すっかり疲れ果てた私たちは、シャムタに戻る決断をしました。病院を後にし、ガブトリ・バスターミナルに到着すると、簡単な食べ物を買って食べました。

バスに乗ると、私はアシュラフルにフルスラットの隣に座るようにお願いしました。私は憔

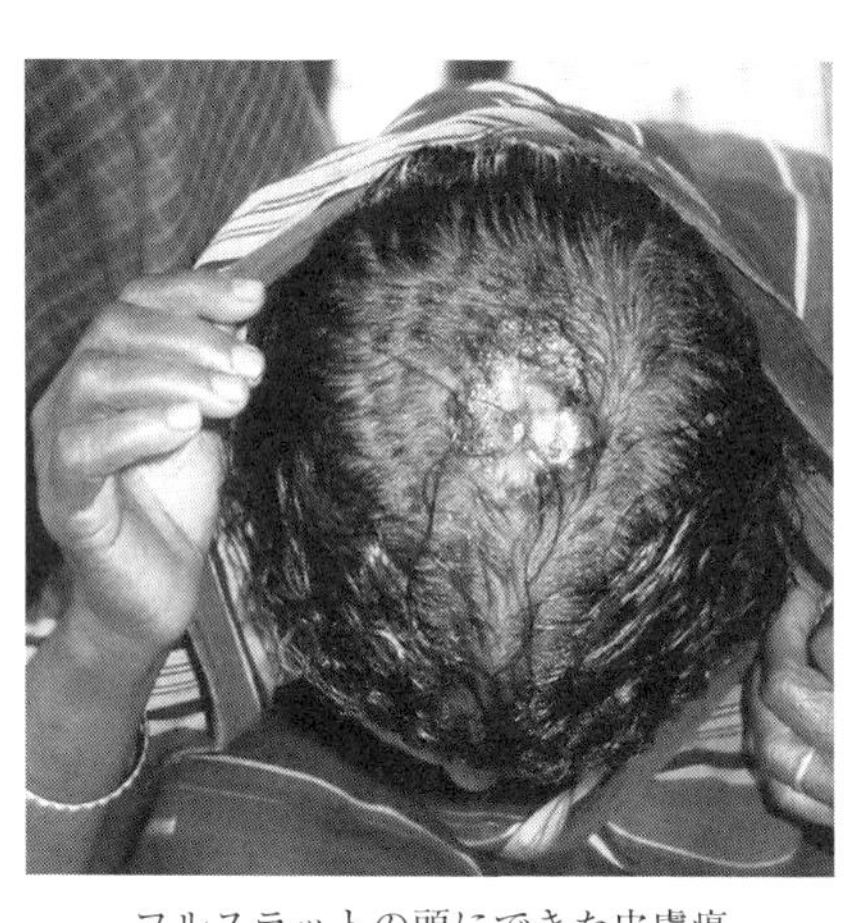
フルスラットの頭にできた皮膚癌

悴しきってしまい、とても彼女の世話ができる状態ではありませんでした。

ジョソールへ戻るバスの中でも、フルスラットは車内で用を足してしまいました。彼女は糖尿病も患っており、どうしてもトイレが近いのです。乗客たちがひどく怒って罵るのを、私たちは黙って聞いていました。長い道のりをじっと耐え、やっとのことでジャムトラのバス停に到着しました。

ダッカから戻ると、私は体調を崩してしまいました。フルスラットの容態がさらに悪化していると連絡をもらいましたが、私はそれに対応できる状態ではありませんでした。なんとか動けるようになってから再びアクタール先生に連絡をとりました。先生が言うには、私たちが病院を立ち去ったすぐあとに、先生も病院を訪れていたそうです。先生は、フルスラットを連れて再びダッカに来るようにと言いました。

今度はフルスラットと彼女の娘を連れてダッカへ行きました。癌病院の医師たちは、フルスラットの頭のできものが癌であることを確認しました。いよいよ治療が始まるのです。

ところが、治療を受けてもフルスラットは回復しませんでした。それ以上なすすべがなく、医師たちは彼女に、シャムタに戻るようにと伝えます。そうして彼女は村に送り返され、容態は悪くなる一方でした。

彼女だけではありません。村にいたレザウル、ラシダ、レヌ、ショウコット、シャヒダ、シャイラ、そして私の長兄ジョホール・アリの病状も非常に悪化していました。みな、日に日に弱っていきます。私は彼らが苦しむ姿に耐えられませんでした。再びアクタール先生に相談し、どうにかして彼らが治療を受けられるようお願いをしました。彼らは村医者やコビラージの治療を受けていましたが、少しも良くなる兆候はなかったのです。

山形ダッカ友好病院

国立予防社会医学研究所の医師たちは、砒素中毒患者治療のための最適な病院を探し出しました。山形ダッカ友好病院です。この病院のエクラスル・ラーマン先生は、六年もの間、日本の山形大学で医学を勉強されました。アジア砒素ネットワークとも交流のある先生です。研究所の医師がエクラスル先生にシャムタの現状を話すと、先生は治療を行うことに同意してくれました。

ある日、アクタール先生が私に山形ダッカ友好病院の住所を渡し、そこに患者を入院させてはどうかと勧めてくださいました。私は患者の家族と相談をし、患者を送る準備を始めました。

翌週、七人の患者を連れてダッカへ向かいました。私の長兄のジョホール・アリ、ショウコット、シャイラ、カディジャ、ラシダ、シャヒダ、そしてレザウルの七人です。みな、ダッカに行くのは初めてのことでした。三人の患者が、バスに酔って吐き続けました。バスの乗客は腹を立てます。まともにバスに乗ることもできないのに、どうしてバスで移動するのか、と文句を言う人もいました。

ガブトリ・バスターミナルから小型三輪タクシーで、山形ダッカ友好病院へ向かいました。病院のスタッフが七人のためのベッドを用意してくれていました。ナース・ルームには私が寝る場所も用意されていました。到着すると、患者たちはまずトイレを借りにバスルームに向かいました。ところが誰もバスルームの使い方を知りません。村人たちはいつも池で水浴びをするので、シャワーのようなものを見たこともありません。水洗トイレや洗面所にも慣れていません。バスルームから出てきて彼らはこう言いました。

「モンジュ、トイレを流す水がないよ。これじゃあ用が足せないよ」

私は彼らと一緒に入り、水洗トイレの使い方と、洗面所の蛇口のひねり方などを教えました。こうして最初の問題が解決されました。

夕方、エクラスル・ラーマン先生にお会いしました。初対面でしたが、とても優しい方で、温かく迎え入れてくださいました。先生は患者の一人一人の名前を尋ね、挨拶を交わしたあと、診察を始めました。

この日の夜、四人の医師が治療に関するミーティングを開き、ジョホール・アリとシャイラの二人にはボーエンの切除手術を行うことを決めました。また、レザウルは耳の中が化膿して膿が溜まり、ひどいにおいを放っていましたが、医師たちはその部分を取り除く手術をすることにしました。そして、その他の患者は薬で治療することにしました。

病院では朝ご飯にパンとバナナが出ました。昼食と夕食にはご飯と野菜、そして魚か肉のカレーが出ました。ある日の昼食時、突然レザウルが叫び始めました。私が駆けつけて理由を聞くと、こう言うのです。

「病院で出されるものだけじゃあ満腹にならないさ。もう家に帰りたいよ!」

私は病院のスタッフに、レザウルにもっとご飯を食べさせるようにとお願いをしました。それでレザウルは満足しました。

病院の環境はとても良く、みなとても親切です。患者たちは先生やスタッフに直接、自分の病状について相談をすることができました。エクラスル先生は患者たちが満足するよう、できるだけのことをしてくれました。

数日後、レザウルがまた叫び出しました。

「こんなふうに毎日じっとしているのはいやだ。ラジオかテレビをくれよ!」

川原さんと幸枝さんが様子を見に病院を訪れました。幸枝さんはレザウルの要望を聞くと、彼が音楽を聴けるようラジオをプレゼントしました。二人は、治療の進捗(しんちょく)を確かめるために定期的に病院にやってきました。そして砒素中毒患者に寄り添い、苦しみも喜びも分かち合いました。

何日もの間、私は患者たちと一緒に病院にいました。ところがある日、私の両親の体調があまりすぐれないとの連絡を受けました。急いでシャムタに帰らなくてはなりません。少しの間だけでも戻ることにしました。病院を発つ日、兄のジョホール・アリが心細さのあまり泣き出してしまいました。私はどうにか兄を説き伏せ、シャムタに戻りました。

私が再びダッカに戻る前に、患者たちの手術が行われました。手術後、患者たちは少しばかり体調が回復しました。そこで医師たちは、患者を退院させ、シャムタ村に戻そうと考えました。手術前は七人の患者のうち私の兄の容態が一番悪化していましたが、手術後の兄は誰よりも早く回復していきました。

別の機会に再び、シャヒダ、シャムスル・ラーマン、ショウコット、アフサル・アリ、そしてノビチョディンなどがこの病院で治療を受けました。国立予防社会医学研究所と山形ダッカ友好病院の医師たちは、シャムタの砒素中毒患者のために最善を尽くしてくれました。シャムタの村人は先生方にとても感謝しています。特に、アクタール先生、エクラスル先生、シェーク・アブドゥル・ハディ先生、セリム・ウッラー・サイード先生、そしてファルキ先生は、シャムタの村人ととても親しい間柄になりました。村の小さな子供たちともとても仲良しです。

有力者からの非難

両親の病気の知らせを受けて病院からシャムタに戻ると、母が特に体調を崩して寝込んでいました。私は母のための食糧と薬を買うためにバザールへ行きましたが、お店はまだ開いていません。そこでアシャドゥルおじさんの家に行き、店を開けて食べ物と薬を売ってくれるようお願いをしました。

お店で買い物をしていると、村の有力者の一人が私に近づいてきました。私は挨拶をしましたが、返事はありません。そして、とてもぞんざいな態度で私にこう言いました。

「お前に対して村人から苦情が出ている」

私は言いました。「母が病気なんです。母に食べ物と薬を持って行かなければなりません」

ところが、彼は私を放してくれません。「村の他のリーダーたちも、お前のことを怒っている。そのあとでなら話を聞きましょう」。さらにこう言いました。

「女が夫以外のオートバイの後ろに乗るなんて言語道断だ。みなお前の姿を見ているぞ」

私は患者支援以外にも、調査やプロジェクトのために村々を飛び回っていました。アジア砒素ネットワークのスタッフたちと一緒に、バイクで村の泥道を進むこともあったのです。村のリーダーたちは、私がそうして村を行き来することで、村の威厳を傷つけているというのです。また、私がたびたびダッカに行くのは、違法な仕事に手を染めているせいだと疑っていました。そして彼は、村の有力者たちが下した決断として、もし私がこの村に住み続けたいのなら、他の女性たちのようにイスラム教の教えに従わなければならない、と言いました。

その言葉を聞いて、私は凍り付いてしまいました。私は無力な村人を恐ろしい病から救おうと奮闘していただけなのです。彼らが健康な生活を取り戻すために。

私は言い返しました。

「あなたがイードのお布施のためにとってあるお金を私にください。そうすれば、私はもう家族を養うために外で仕事をしなくてもよくなります」

アシャドゥルおじさんは店に座って私たちの言い合いを聞いていました。そして私の味方をしてくれて、私が仕事をやめる必要などないとかばってくれました。そして、村のリーダーに対して、私に対する批判を取り消すよう求めました。すると、リーダーは何も言わずにその場を立ち去りました。

家に帰ると、父に遅くなった理由を聞かれました。父には本当のことを話すことができませんでした。話せば私が日本人と働くことに反対するでしょう。

数日後、私はダッカの医師たちに呼び戻されました。長兄は私を見ると泣き出してしまいました。手術を受けるときに、家族や知り合いがそばにいなかったからです。私は兄を落ち着かせ、言い聞かせました。

「お母さんの体調が悪かったから、なかなか帰ってこられなかったの」

患者たちの手術が終わり、私は彼らを連れてシャムタに帰ってきました。ジャムトラでバスを降りると、その場にいた人から、ヤング・コミティが私を村裁判で訴えようとしていると聞きました。一緒に働いていたヤング・コミティのメンバーでさえ、私のことをよく思っていなかったのです。彼らは、私だけが日本人から特別扱いされ、たくさんお金をもらっていると思い込んでいたようです。しかし実際には、私は給料などほとんどもらっていませんでした。

裁判にかけられると家族も村八分になり、バザールで買い物をしたり共用の井戸を使ったりできなくなります。でも、私はそうした村のルールなど守るつもりははじめからありませんでした。自分で稼いだお金でバザールで買い物をしてどこが悪いというのでしょう。私は両親の言いつけは守るけれど、あなたたちの命令には従わないわ。裁判ではそう主張するつもりでした。

昼過ぎに村警察が私の家にやってきて、夕方ファルク・ハッサンの家で裁判が行われることを告げました。体調のすぐれない父に、なぜ村警察が家にやってきたのかと聞かれ、私はまた嘘をついてしまいました。「ユニオン議会のことで来たのよ」。母にも、父には本当のことを隠しておくようにお願いをしました。

村裁判にかけられる

その日の夕方、村裁判が開かれました。ヤング・コミティのメンバーと村の有力者たちが集まっていました。村の有力者たちは、私を厳しく問い詰めます。

「お前はどうして一人でダッカへ行くのだ？　ダッカに行ってどこに滞在しているのだ？　何をしているのだ？　娘が一人でダッカに行くなど、まことにけしからん！」

私は答えました。

「この村の病人は一人また一人と死んでいきます。なぜダッカに行くのかと聞きましたよね。もし私が病院の手配をしなければ、彼らは治療も受けられず死んでいくのです」

私はさらに続けました。

「ここにはたくさんの人が集まっています。あなた方が私の代わりに病人を連れてダッカの病院に行ってくださると言うのですか？」

彼らの返事はこうでした。

「そんなことをして何が我々の得になるというのか。家族でもないのに、一緒に病院へ行けというのか。そんなことで時間をつぶすほど、我々は暇じゃないんだ」

「私の兄も砒素中毒患者ですが、他にもたくさんの村人が砒素で苦しんでいます。私が手助けをしないと、みな死んでしまいます」

彼らはこう続けます。

「我々の意に反してまでお前に仕事が続けられるものか。見ているがいい」

私は彼らの脅しに挑むことにしました。砒素中毒患者の支援を続けることを誓い、裁判の場を後にしました。

後日、国立予防社会医学研究所のアクタール先生に、村裁判での出来事を話しました。そして、もうダッカに行けなくなるかもしれない、と弱音を吐いてしまいました。先生は、前だけを向いてがんばるようにとおっしゃいました。

アクタール先生は、シャムタ村の有力者をダッカに招待することにしました。村の代表は、山形ダッカ友好病院の整然とした清潔な環境を見て言葉を失いました。アクタール先生は、この病院で私がどのような仕事をしているのか、村の代表に説明してくれました。

数日後、医師たちは手術を受けさせるためにフスルラットをダッカに呼びました。私の父の体調は回復しません。私はヤング・コミティのメンバーに、フルスラットに同行するよう頼みました。ところが誰も引き受けてくれません。交通費以外ほとんどお金をもらえないこの仕事を誰もしたがらなかったのです。私は叔母と姪に父の世話を頼みました。こうして私はフルスラットを連れてダッカに向かいました。

数か月後、フルスラットの容態は回復します。彼女がシャムタに戻ってくると、村の人々はその劇的な変化を見て大変驚きました。

父の死

アジア砒素ネットワークは、会議をしたり書類を保管したりするための事務所を必要としていました。そこで、仮の事務所として私の家を利用することにしました。私の家の軒下が、アジア砒素ネットワークの最初の事務所となりました。川原さんが本棚を一つ買ってきたので、大切な書類などはすべてその中にしまいました。

一九九九年、私の給料は一五〇〇タカ（当時一タカ＝約三円）でした。しかし、それでは生活ができません。父が私のために溜めていたお金も、とっくに無くなってしまっていました。そのうちアジア砒素ネットワークが大きなプロジェクトを始めたら、私の給料も上がるだろうと期待していました。それに、私は村の人々の役に立てるこの仕事を続けていきたいと思っていました。

父は高齢のため、日に日に身体が弱っていっていました。

ある朝、土砂降りの雨が降り、父は田んぼの稲の様子が気になって、一人で見に行ってしまいました。こんな雨の中、外を出歩くのは危険です。私と母は父を捜しに出ましたが、姿が見当たりません。目を凝らして遠くを見つめると、父が急いで戻ってくるのが見えました。父は全身泥まみれでした。父によると、田んぼのあぜで四匹の雄犬が一匹の雌犬を攻撃していたそうです。傷ついた雌犬が田んぼに落ち、その様子を見ようとした父も田んぼに落ちてしまったのです。

その数か月後、父は池のほとりの竹林で竹を切っていましたが、突然足を滑らせ、池の淵を滑り落ちてしまいました。父はそばにあった植物の蔓を両手でつかみ、私の名前を呼びました。「モンジュ、モンジュ！」。私は家の中にいたのですが、叫び声を聞いて外に飛び出しました。父は草や蔓にしがみついて、どうにか池に落ちないよう必死にもがいています。私は父の手を取り引っ張り上げました。父は私をきつく抱きしめて、こう言いました。

「親が年をとって弱ってしまったら、自分の子供に頼るしかないんだな」

一九九九年の八月、父はまた転んで、池の中に落ちてしまいました。父が池に水浴びに行くときは、いつも私がついて行き、そばにいたものでした。ところがその日は甥っ子たちに一緒に行かせたのです。父が水浴びをする間、甥っ子たちは池の脇で待っていました。それなのに、一瞬目を離した隙に、父の姿が見えなくなってしまったのです。甥っ子たちは池の淵から叫びました。「おばさん、おじいちゃんが沈んじゃったよ！」。

私はその叫び声を聞いて、走って池に向かいました。父が沈んでしまったと聞き、私は何も考えずに池に飛び込みました。そして気が狂ったかのように水中で父を捜しましたが、見つかりません。一度水面に戻りました。池の岸にたくさんの人が集まってきました。そして彼らも

父が溺れた池

池に飛び込み、父を捜し始めました。私はもう一度潜り、そしてとうとう父を見つけ出しました。すぐさま父を水面に引き上げます。他の人たちが泳いで父を池の淵まで連れて行きました。父を引き上げると、今度は私が溺れてしまい、誰かが私を引っ張り上げてくれました。

父は大きな声で泣き出しました。

「もし娘がいなかったら、今日わしは死んでいたよ」

私たちは父をなだめ落ち着かせました。しばらくして、父はある出来事について話し始めました。

「何か月も前のことだよ。お前の母さんの叔父さんが池で溺れて死んでしまっただろう。彼には自分の子供はおらず、別の人の子を育て、財産もすべてやり結婚させてやったのさ。そして、たくさんの孫に恵まれた。ところが彼が溺れたとき、子供や孫は池の淵に立ったままだった。池に飛び込まないで、魚用の網で彼を捕え、岸まで引っ張ったんだ。でも、彼はとっくに死んでしまっていたよ。もし本当の子供だったら、網なんか使わずにすぐさま水に飛び込んだだろう。必死になって助けようとしただろう」

父はそのときのことを思い出して、また泣いてしまいました。「アッラー、どうかすべての家が良い子供に恵まれますよう」。

この事故の後、父はさらに弱ってしまいました。三か月後にはベッドから起き上がることができなくなり、トイレや食事もベッドの上でするようになりました。

一九九九年十二月のことです。父は危険な容態にありました。父を置いてどこにも行くことができません。それでも、ある日、急遽（きゅうきょ）砒素中毒患者を連れてダッカに行かなくてはならなくなりました。私は叔母と姪に世話をお願いすることにしました。叔母が田畑の面倒をみて、姪が父の世話をします。

十二月十日、私はダッカに向けて出発しました。十五日、父の容態がさらに悪化したとの知らせを受け、私は急いで家に戻り、医者を呼びましたが、状況は変わりませんでした。十七日夜九時に、父は私たちを残して逝ってしまいました。

それからの数か月、私は仕事をする気になれませんでした。父とはとても仲が良かったので、父のいない人生を受け入れることができませんでした。失ったものが大きく、仕事をするための力が湧いてこないのです。ところが、患者たちは私がいないとダッカの病院に行くことができません。くよくよしてはいられません。私は再び砒素中毒患者を救うために立ち上がりました。

ナツメヤシの木を越えた水

二〇〇〇年九月、深刻な洪水がシャムタ村を襲いました。インドで起こった洪水が、ベナポールの国境を越えてバングラデシュまで到達したのです。たくさんの家畜が流されてしまいました。水の流れが恐ろしいほど速かったのです。水は北西から南東に向かって流れて行きます。当初、ナバロンを通る鉄道の盛り土が水の侵入を防いでいたのですが、とうとう線路を越え、シャムタ村にも水が流れてきました。

あとで人づてに聞いた話ですが、線路のそばで一匹の犬が六匹の子犬を産んでいました。洪水の中、どこにも逃げることができません。線路の近くにはたくさんの人たちが、木の枝や屋根の上に避難していました。その人たちは、自分たちが食べていた物をこの犬にも与えたそうです。この災害の中、自分たちの食糧を動物と分け合ったのです。

まだ水がシャムタに到達する前、私の二番目の兄が、シャムタから八キロほど離れたナバロンの近くまで様子を見に行きました。兄は、水がすごい勢いで流れ込んでくるのを目の当たりにして怖くなりました。そして急いで家に戻ってきて、その様子を家族に伝えました。もし水かさが増し続けるなら、翌朝に村を出ようと、私たちは決断しました。

地域の人たちがモスクのマイクで注意を呼び掛けています。もし事態が悪化したら、すぐに

2000年９月にシャシャ郡を襲った洪水

でも村から避難するように、と。裕福な人々は、いざというときのためにトラックやオートバイを用意しました。私は不安になりました。母やタンミ、そして家畜をどうやって避難させたらよいのでしょう。

母は私に、タンミを連れて二人でダッカに避難するようにと何度も何度も言いました。私は「助かるならみんな一緒よ。もし死ぬならみんな一緒に死ぬわ」と母に言いましたが、母は首を横に振ります。私の手にお金を握らせ、バガチャラのバスターミナルでダッカ行きのチケットを買ってくるようにと言います。母はタンミのことを心配しているのです。万一の時にタンミは逃げきれないでしょう。だからダッカに連れて行くようにと、私を説得しているのです。

私は母の願いを聞き入れ、バン・ガリ（自転車でひく荷車）に乗ってバスターミナルに向かいました。コドモトラを過ぎたあたりで、西の方から水がナツメヤシの木を越えて、こちらに流れてくるのが見えました。恐怖のあまり喉がからからになり、私はバン・ガリの運転手に、家に戻るように言いました。

私がすぐに戻ってきたので、母はかんかんになって怒りました。私は母に、洪水がまわりの道路を越えてナツメヤシの木の上まで来ていて、バガチャラに行くのはとても無理だと説明しました。

村人たちは安全な場所に避難するために、あちらこちら走り回っています。私は兄たちに、ヤシの木の上に足場を作るようにお願いしました。村人たちは洪水から逃れるために木の枝に竹を掛け、その上に竹で編んだゴザをひきました。

途方に暮れた母は、再び私にダッカに行くようにと命じました。私は水に浸かった道路をなんとか進み、どうにかバガチャラ・ターミナルでバスのチケットを手に入れることができました。母は感極まり、ダッカに向かう私たちを強く抱きしめ泣き出しました。私は兄たちに母のことを頼み、母は私にくれぐれもタンミを守るようにと言いました。そして、途中で何か食べるためのお金を私に渡しました。

洪水のせいで、バスはシャトキラまで迂回してダッカへと向かいました。ダッカに着くと、私はシャムタに電話をしました。たくさんの家が流され、私たちの池も水に沈んで見えなくなってしまったそうです。ドッキン・パラの住人の多くは、二階建てのクッドゥスの家に避難しました。牛やヤギなどの家畜はシャムタ・バザールに残されました。ベトラボティ川が増水し、シャムタとジャムトラ間の交通が遮断されました。村には八つのパラがありますが、私たちの住むモッド・パラ以外、シャムタは水に沈んでしまいました。

救援物資と家の再建

洪水のとき、川原さんは山形ダッカ友好病院内のアジア砒素ネットワークの事務所にいました。日本にいた仁さんたちと連絡をとり、シャムタの洪水被害者のための支援活動を行うことにしました。どんな支援が可能か、私は意見を求められました。薬と食糧が一番緊急です、と私は答えました。そして、水が引いたら、流されてしまった家屋の再建も必要です。

水の勢いが落ち着くと、私たちは、チラ（蒸した米を潰して乾燥させた保存食）、グル（ナツメヤシの樹液）、薬とセライン（経口保水塩）を車に積んで、ダッカを出発しました。途中の道も水に沈んでいます。ジコルガチャとシャトキラを経由してシャムタに入りました。道端の木々の上にたくさんの人が避難しています。見渡す限りの水また水です。何かの呪いにでもかけられたような光景です。田んぼの稲はすべて水に浸かってしまっています。私の家の田んぼも同じ有り様でした。その光景を見て、私の心はばらばらに壊れそうでした。

私の家に向かう途中、水の流れの激しい箇所があり、車はそれ以上進めなくなりました。私は家が無事なのか不安でたまりませんでした。そのときアジア砒素ネットワークの運転手、ナラヤンがアクセルを踏み、何かを確信しているかのように車を前に進めました。そして、ついに私の家の近くのマドラサまでやってきました。

驚いたことに、私の家も、私の患者たちの家も、洪水の被害から免れていました。洪水は私の家のチューブウェルまで到達し、そこで止まったのです。車を降りると、タンミと私は何よりも先に母に会いに行きました。母はタンミを見ると大変喜びました。

私は母にタンミを預け、ジャムトラに向かいました。みな食べ物がなく困っているようです。何千人もの人たちがジャムトラ・ハイスクールや小学校の校舎の中や校庭、そして付近の木の下に避難していました。貧富の差に関係なく、みなが、あるだけの食べ物を分け合っていました。それに、なんということでしょう、永遠のライバルであるコブラとマングースが同じ木の上に避難していたのです。この日だけは日頃の戦いを忘れていることでしょう。

ジャムトラから私は再び我が家の田畑の様子を見に行きました。水に浸かった田畑の前に立つと、涙が止まりませんでした。私は途方に暮れてしまいました。今年はどうやって生計を立てればよいというのでしょう。どんなに考えても方法を思いつきません。私の家族だけではありません。他の家も、今年は収穫を見込めないでしょう。この地域の池も水に沈んでしまいました。取り返しのつかない被害に、村人たちはなすすべがありませんでした。

「私たちの稲は水に浸かってしまったわ」と母に告げました。「それと、池の魚も水に流されてしまったわ」。

「アッラーがすることとは、みな人間のためを思ってのことだよ。私たちは田んぼの稲と池の魚を失っただけ。すべてを失って路上にたたずんでいる人もたくさんいるよ」

そのとき、ナバロンの方で結婚式のサリーを来た若い娘の遺体が洪水の水と一緒に流れてきたという知らせが入りました。救助隊が遺体を引き上げようとしましたが、水の勢いが強く、救出することができなかったそうです。洪水のひどい惨状を目の当たりにして、私は言葉を失いました。木の枝や家の屋根から人々が助けを求めて叫んでいます。救助隊が彼らを助けるためにあわただしく動き回っています。

ダッカから持ってきた救援物資の一部をファルク・ハッサンの家に置き、私はアジア砒素ネットワークの一員として救援物資の配付をするために別の場所に向かいました。シャムタのヤング・コミティの責任で物資を分配することになったのです。私は日本人と一緒にセラインを配付することになりました。東のパラを訪れると、子供たちが下痢で苦しんでいました。ダッカから持ってきたセラインを配付し、両親たちにそれを子供に飲ませるようにと助言しました。

ずるがしこい商人が日用品の値段を吊り上げていました。あまりにも高く、村人たちは店に行っても手ぶらで帰ってきました。若者たちが、この商人を訴えました。そして、もし日用品の値段を不当に吊り上げる者がいたら、ひどい目に合わせるぞ、と忠告して回りました。若者たちが不正に対して果敢に立ち上がったのは喜ばしいことでした。たくさんの救援物資がさまざまなところから届き、村の若者たちがそれらを配付し始めました。

ユニオン議会に行ってみると、議長が洪水被害者のために届いたジャガイモを、村の有力者たちに分配していました。私がどうしてそんなことをしているのかと聞くと、議長はこう答えました。「政党を運営していくためさ。支持者には見返りが必要だ」。

私は何も言うことができませんでした。洪水被害にあった村人たちには、なんの同情もないのです。議長の目的はただ一つ、次の選挙でも当選することだけです。そのために、困っている村人への救援物資を横領していたのです。このときだけではありません。これまでにも、政府から村人に支給されたはずの物資を、議長や議員が横領するのを何度も見たことがあります。

洪水被害者のために衣類の分配を始めましたが、そこでも、一番必要としている人たちが一番後回しにされているのを目の当たりにしました。一人の貧しい女性が私のオロナ（スカーフ）を引っ張り、こう言いました。「私にもサリーをおくれ。でなければ、あんたのオロナを放さないよ」。

彼女の着ていたサリーはところどころ破れてくたびれていました。私は彼女に一枚のサリーを手渡しました。すると彼女は私を強く抱きしめてお礼を言い、去って行きました。そこにはまだたくさんの女性たちが残っていました。サリーを一枚ずつもらった後で、もう一枚もらえるかどうか期待して、その場を動かないのです。

洪水が引き始めると、あちらこちらから壊れた家が現れました。たくさんの村人が家を失ってしまいました。アジア砒素ネットワークは六十世帯の家を建て直すのに協力することにしました。新しい家の建築は、砒素汚染防止委員会のファルク・ハッサン、そしてヤング・コミ

アジア砒素ネットワークの協力で再建した家

ティのクッドゥス、アノワル、カマルジャマンが監督することになりました。私には日本人と共にいろいろな場所に薬を届けるという役割がありました。

シャムタの村人たちは新しい家を手に入れることができ、とても喜んでいます。そしてアジア砒素ネットワークに深く感謝しています。それでも、洪水の被害から村人たちが立ち直るまでには長い時間が必要でした。二〇〇〇年のこの恐ろしい大洪水は、村人たちの記憶に一生残るでしょう。

ネットワークの事務所開設

アジア砒素ネットワークは二〇〇〇年三月、ダッカのラルマティアにある山形ダッカ友好病院の一室に事務所を設けました。そして翌年三月には、NGOバステシェカの隣のループ・アナンという名のアパートに、ジョソール事務所を設けました。ジョソールでの活動の拠点ができたのです。

2001年に開設したジョソール事務所

私の給料は二五〇〇タカに上がっていましたが、それでも母と娘をジョソールで養うにはとても足りませんでした。二人をシャムタに残し、私は週に一回だけシャムタに戻りました。それ以外の日は、みなの仕事が終わるのを待って、夜こっそりと事務所に戻り、事務所の大きな机の上で寝ました。夜、一人で事務所に残るのが怖いときもありましたが、他にどうしようもなかったのです。

三、四か月後、私はジョソールに部屋を借りることができました。そこでタンミをジョソールに呼び、小学校に入学させました。家賃は一二〇〇タカで、給料の約半分が家賃に消えてしまいます。家族を養うのは至難の業でした。私は貯金を崩して生活をしていましたが、長く続くわけはありません。貯金が底をつくと、仕方なく横田先生に相談し、生活費を支援していただきました。先生はいつも私たちを温かく見守り、困ったときには経済的に援助してくださったのです。先生の個人的な支援がなければ、私はアジア砒素ネットワークで仕事を続けることはできませんでした。私は一生、先生への感謝の気持ちを忘れることがないでしょう。

はじめのうち、ジョソール事務所には私と緒方さんが働いているだけでした。少し遅れてカマルジャマンが一緒に働くようになり、その後、化学者のシャミム・ウッディンさんと水供給技術者のミジャンさんが加わりました。

私たちはＪＩＣＡ（国際協力機構）のプロジェクトを行う対象地として、一つの郡を選定する必要がありました。そこで、ジョソール県のシャシャ郡と、ジェナイダ県のカリゴンジ郡を対象に調査を始めました。調査チームのメンバーは全部で十人です。カリゴンジ郡調査チームが六人、シャシャ郡調査チームが四人。私はカリゴンジ・チームにいました。

大雨が降る中で作業をする私たちを、村人たちは不思議そうに眺めていました。その日はショベボラット（一晩中お祈りをするイスラム教の行事）で、イスラム教徒の家では米粉のルティ（薄焼きパン）や、グルのパエシ（ミルク粥）が作られます。イスラム教徒たちは互いの家に招待しあって、これらの家庭料理をご馳走するのです。私たちも何人もの村人から家に招待されたのですが、誰か一人に作業をさせたまま、ご馳走を食べに行くわけにはいきません。すべての作業が終わったのは午後四時頃でした。

こうした苦労の結果、ＪＩＣＡのプロジェクトはシャシャ郡で行うことに決まりました。

シャシャ郡の全井戸調査

二〇〇二年一月一日にシャシャ・プロジェクトが開始し、二〇〇四年の十二月三十一日に終了しました。ダッカ、ジョソール、そしてシャシャの三か所に私たちの事務所がありました。

たくさんの日本人とベンガル人がこのプロジェクトに関わりました。

プロジェクトのはじめの段階では、フィールド・キットを使ってすべてのチューブウェルの水を検査しました。許容量（五〇ｐｐｂ）を超える砒素が検出されたチューブウェルを、フィールド・ワーカーたちが赤色に塗るのです。

ある日、フィールド・ワーカーたちをとりまとめるフィールド・オフィサーのトマルが井戸水の検査のために、ある家を訪れました。ところが、この家の主人は水の検査をすることを承知しません。「大金を払ってチューブウェルを設置したんだ。毒なんか入っているものか」と主張します。

基準を超えた砒素をふくむチューブウェルを赤く塗る

トマルはどうにか家主を説得し、なんとか検査をさせてもらえることになりました。検査の結果、許容値よりもずっと高い砒素が検出されました。そこでトマルがチューブウェルを赤色に塗ったところ、家主は烈火のごとく怒ってどなりつけました。「お前の着ているシャツを脱いで、チューブウェルのペンキを落とせ！」。トマルは必死に家主を説得しようとしましたが、今度はうまく行きません。仕方なく、ペンキを落とすことにしました。

事務所に戻ってきたトマルが、この出来事を私たちに話してくれました。家主の理不尽な要求にあわてるトマルの姿を想像し、私たちは思わず笑ってしまいました。こうして毎日フィールドから帰ってきては、その日に起こったことをみなで話し合いました。村で作業していると、いつもこんなふうに困惑するような出来事が起こったのです。

調査の結果をもとに、矢野靖典さんが各ユニオンの砒素汚染マップを作成しました。これを見ると、この地域の砒素汚染の広がりを一目で把握することができました。

このプロジェクトでは、砒素汚染地域に安全な水を供給する六十三の装置（ＰＳＦのような代替水源）を設置することになりました。第二段階として、これらの代替水源の維持管理のために、利用者組合を立ち上げました。私は中村純子さんと一緒に、維持管理の大切さについて村人を啓発して回りました。

砒素の怖さ知らせる

チューブウェルの汚染調査が終わると、村人たちに砒素中毒について知ってもらうためのさまざまな啓発活動を行いました。シャシャ・ユニオンには砒素中毒患者と見なされた人がいなかったので、村人たちはこの問題にあまり興味を持ってくれません。それに、村人たちに一か所に集まってもらうことも困難でした。私たちの話を聞くために時間を割こうとしてくれないのです。けれど一度村人たちを集めることに成功すると、彼らは真剣に私たちの話を聞いてくれました。

私たちは彼らに砒素中毒の症状を知ってもらうために、シャムタから患者を連れてきました。砒素中毒患者の恐ろしい症状を目の当たりにして、彼らも私たちの言うことに耳を傾け始めました。そして、赤色のチューブウェルの水を飲まないようになったのです。

ある日、私は広場に村人を集め、フリップチャート（紙芝居）を使って安全な水について説明していました。突然、話を聞いていた村の女性が立ち上がり、その場を走って去って行きました。少しすると、彼女の泣き声が聞こえてきました。別の女性に事情を聞くと、どうやらここに来たことに腹を立てた夫が彼女を殴っているというのです。それを聞いた私は愕然としてしまいました。そして、気づいたのです。まず、男性と子供たちに砒素の恐ろしさを分かってもらうことが先決だと。

私たちは、バザール、学校、そして茶屋などでも啓発活動を進めました。その他にも、男性を啓発するために、夕方に学校の校庭や、青年クラブの前で、砒素に関するゴンビラを企画しました。ゴンビラとは音楽に合わせて行われる小規模な演劇のことです。村の人々はゴンビラを見るのが大好きなのです。

役者は二人。お爺さんと孫という組み合わせです。孫が音楽に合わせて歌いながら、砒素に

アジア砒素ネットワークの啓発活動

ついていろいろな質問をします。するとお爺さんがまたリズムに合わせてそれに答えるのです。ところどころで冗談や洒落を言って観客を笑わせます。村の人たちは、こうした娯楽が大好きです。役者たちは砒素問題に関する歌まで披露しました。こうして人々は、砒素中毒や砒素の問題について、よりよく知るようになりました。ゴンビラの効果は絶大でした。

子供たちに砒素について知ってもらうために、いくつもの学校を訪れ、フリップチャートを使って砒素汚染について説明しました。この活動は大変重要でした。なぜなら子供たちは家に帰って、まず両親に自分の習ったことを話すからです。それは時として、私たちが直接両親に話すよりも効果的だったりもします。

私たちは家々を回り、女性たちに食べ物の栄養について説明しました。通常女性たちは野菜を切ってから洗います。そうすると切り口から野菜の栄養が逃げてしまうのです。野菜を洗ってから切るようにと彼女たちに伝えました。女性たちは、それまでの習慣を見直し、栄養のある食事を作るよう心掛けるようになりました。

啓発活動のかたわら、代替水源の設置場所の選定作業も進められました。プロジェクトは、チューブウェルの水が高い濃度の砒素に汚染されている地域に、ディープチューブウェル（深井戸）やＰＳＦ（池の水をろ過する装置）や砂ろ過装置を取り付けた改良ダグウェル（掘り井戸）など六十三基を設置することにしました。私たちはまず利用者組合を立ち上げ、建設費の一〇％の住民負担額を徴収することを決めてから、代替水源の建設に取り掛かりました。また、それらの事業に並行して砒素中毒患者の健康管理も行いました。

三日月湖の水を浄化

砒素汚染調査の結果によると、ラジゴンジ、カナイカリ、コルシの三村にある一三一基のチューブウェルのうち一二三基（九四％）が、許容値よりも高い濃度の砒素に汚染されていました。この三村には二八一世帯一一六七人が住んでおり、このうち砒素中毒患者が七人いました。

私たちは地元住人や地元政府と共に、この三村に安全な水を供給するためにどのような施設が必要なのかを話し合いました。すると、ラジゴンジ村を取り囲む三日月湖の水を利用するという手段が提案されました。この湖の水を浄水し、それを水道で配水するという構想です。ところが村人たち、特に魚の養殖業者たちがこれに反対しました。この三日月湖は、ジュートを浸したり、魚の養殖をしたりするためにも使われていたのです。

私たちは、砒素に汚染されていない水を飲むことの重要性を村人たちに説くことから始めました。その結果、村人、養殖協会、地元政府の間で、三日月湖を利用した農業や魚の養殖よりも、安全な水の供給の方が重要であるという合意が得られました。また、養殖の際に化学肥料や有機肥料を使わないこと、ジュートを腐らせる工程のために三日月湖の水を使わないという取り決めがなされました。

こうして、三日月湖の水を浄化する施設、給水塔、そして水道を建設する委員会が立ち上げられました。メンバーは、村人、地元政府、養殖協会、そしてプロジェクトスタッフの二十人で構成され、資材購入から建設場所の選定、建設の現場監督、そして維持管理に至るまでのすべてを指示します。村人が建設費の一割を負担し、できあがった施設の所有権を持つようにします。利用者負担金の徴収を円滑にするために、私は安全な水の大切さや施設の維持管理に関する啓発活動を担当しました。

三日月湖の水を飲めるようにするために、生物浄化法を応用したろ過装置を用います。このろ過装置には、二つのフィルター・ユニットがあり、それぞれのユニットは六つの小部屋に分かれています。そのうちの一つの小部屋は空になっていて、四つの小部屋には砂利が、残りの一部屋には砂が敷かれています。

フィルター・ユニットの隣には、三階建ての塔が建っています。三日月湖の水は、電動ポンプで塔の二階のタンクまで引き上げられ、そこから重力によってフィルター・ユニットの最初の部屋に流れて行き、四つの砂利の部屋を下から上へ通りぬけ、最後の部屋でゆっくりと上から下へ砂をくぐって行きます。砂利の部屋で汚れを落とし、最後の砂の層で水は完全に浄化されるのです。

塔の地下の貯水槽に溜められたろ過水は、殺菌のために少量のブリーチングパウダーを加えたあと、電動ポンプで塔の三階部分に引き上げられます。そして再び重力によって、三つの村に水が配水されるのです。この水の利用者は毎月の利用料を支払います。そうして徴収したお金を、水道管理者の給料や電気代、維持管理費などに充てます。

水道の建設が終われば、維持管理などはすべて、住民が組織する運営委員会の手に委ねられます。維持管理の責任者や、経理係なども雇用する必要があります。利用者から利用料を徴収したり、水質をチェックしたり、利用者の相談に乗ったりするのが彼らの仕事です。何か問題が起こった際は、運営委員会が利用者たちと話し合いながら解決策を探るのです。

母の死

プロジェクトが終了した翌日の二〇〇五年一月一日、私はアジア砒素ネットワークの数人のスタッフと一緒に、シャシャ郡のいくつかの代替水源の様子を視察に行きました。ジョソールに戻ってくる前に、シャムタの母に会いに行こうとしました。その日はどうしても母に会いたい気分だったのです。その前に会ったとき母がとても優しくしてくれたことが心に残っていました。でもやはり、翌日いろいろと準備をしてから改めてシャムタに戻ってみようと考え直し、その日は母に会わずにジョソールに戻りました。

夕方のお祈りを終えたころでした。シャムタから母が他界したとの知らせを受けました。なぜ最後に母に会いに行かなかったのだろうと、私は自分を責めました。

急いでシャムタに戻りましたが、もう辺りはすっかり暗くなっていました。アジア砒素ネットワークのシャミムさん、シュモン、トルン、そしてナラヤンが私と一緒に来てくれました。私の姉たちも知らせを聞いて駆けつけていました。母の遺体は軒先に横たえられていました。その姿を見て、私はショックのあまり気を失ってしまいました。近所の人が医者を呼んできて、私の様子を診察させました。私は翌朝になって意識を取り戻しました。

村の女性たちが母に最後の沐浴を施して白い布で包みました。私が近づくと、顔のまわりの布をずらし、母の顔を見せてくれました。私は最後に大好きな母の顔を見ることができました。親戚たちもみな母の顔を拝みました。そして、私の二人の兄と、もう二人の村人が棺を肩に担ぎ、墓地へと運んで行きました。

第五章　さらなる砒素汚染地へ

ナバロン村の医療検診

前章でお話ししたシャシャ・プロジェクト以外にも、アジア砒素ネットワークはさまざまな地域の砒素汚染についても調査を開始し、汚染対策のための活動を行いました。

ある日、アジア砒素ネットワーク、宮崎大学の学生たち、そして国立予防社会医学研究所の医師たちが、ジョソール県シャシャ郡ナバロン村で一日限りのメディカル・キャンプを実施しました。村の人々は、はじめは私たちが何かの文化的行事の準備をしているのだと思っていたようです。日本の学生たちに興味津々でした。

私は村人たちから何度も何度も同じ質問をされました。

「結婚式でもするのかい？　あの子たちの両親も来るのか？」

「どうしてバングラデシュに来たんだ？　あの子たちは米や牛肉や鶏肉を食べたりするのか

い？　ヤギや鴨も食べるのかい？」

「あの人たちも池で水浴びをするの？」

このような質問が山のようにやってきました。私は同じ答えを繰り返しました。

「みんな私たちと同じよ。油や香辛料のきいた食べ物はあまりたくさん食べないけれど」

昼食の時間が終わると、さらにたくさんの村人が集まってきました。医師の診察で砒素中毒患者が見つからなかったので、宮崎大学の学生たちは、村の小さな子供たちと遊び始めました。

すると突然、村の若者が私に話しかけてきました。

「アパ、ナバロンは危険なところですよ。犯罪が横行しているんです。日が沈む前にここから出て行った方がいいですよ。さもないと、危険な目に遭うかもしれません」

アクタール先生にこのことを話すと、先生はすぐに車に乗るようにと、みなに呼びかけました。私たちは日没を待たずに、この村を後にしました。

ナバロンでのメディカル・キャンプのあと、私たちはこれまでに確認されていない砒素中毒患者を見つけ出し、砒素汚染対策をとる活動に取り組みました。二〇〇〇年四月から二〇〇一年六月までの間、医師と水供給技術者と啓発担当者が一緒に十三の村を訪れました。その中で最もひどく砒素に汚染されていたのが、シュリモントカティ村、マジディア村、ゴピナトプル村です。これらの村では砒素中毒患者も多く確認されました。

シュリモントカティ村

コボタック川

二〇〇一年六月、アジア砒素ネットワークと国立予防社会医学研究所が二台の車で、シャトキラ県タラ郡シュリモントカティ村を訪れました。研究所からはアクタール先生、セリム先生、ファルキ先生の他に、何人かのドクターと学生たちが同行しました。ネットワークからは川原さん、堀田尚さん、東直子さんと、ミジャンさん、シャミムさん、そして私が参加しました。

春の訪れを告げるカッコウがクフクフと鳴いています。木々には新しい葉が芽生え、色とりどりの花が咲き始めました。春はもうすぐそこまで来ています。南風が若い葉を揺らすと、私の心も早春の喜びに踊り始めました。ファルグン月（春の最初の月）が始まります。

村に入るにはコボタックという名前の川を渡ります。私は子供の頃から、コボタック川は「獰猛な川」だと父に繰り返し教えられました。危険な荒い波の中を、昔は大きな旅客船や小型客船、蒸気船や帆船が行き交っていたそうです。雨季になると、村人は高波を非常に怖れていました。村人たちは、川の高波が村という村を飲み込んでしまうのではないかと恐怖に震えていたのです。

コボタック川には、たくさんの伝説がありました。その一つをご紹介します。

オイシの母がコボタック川に水を汲みに行きました。そのとき大きなサメが現れて、オイシの母を捕まえました。土手に座って待っていた小さなオイシは、神さまにすがる気持ちで泣き出しました。

「お母さん、水から上がってきておくれ。もう日が沈んでしまうよ」

母親が帰ってこないと分かると、オイシは泣き叫びました。

「川がお母さんを飲み込んじゃった。お母さんをどこに連れていったの？　私にはお母さんしかいないのに。お母さんを返してくれないなら、コボタック、お前を呪ってやる。いつかお前の力は息絶え、波の音もやんでしまうだろう。私みたいに涙を流すようになるのよ。お前にはどうすることもできないさ」

オイシの号泣で、まわりの空気が重くなりました。でも、コボタックは小さなオイシの呪いなど気にも止めません。元気な鹿のように波しぶきを立てながら流れていきます。

獰猛なコボタック川にまつわる逸話はその他にもたくさんありました。漁師たちは決して一人では漁に出かけません。魚を捕っているときにサメに襲われることもありました。水浴びに行き、片手や片足を失って帰ってくる者もいました。命を落とす者さえいました。

私たちは十数人のグループで、一つの船で移動していました。高波が来ると船は左右に大きく揺れます。あまりにも大きな波を見て、私の心は恐怖で凍りついてしまいました。このとき

コボタック川を船でわたった

ミジャンさんがシャミムさんにこう話しかけました。

「もし船が沈んだら、ここにいる七人の美しい女性たちのうち誰を最初に助けるかい？」

シャミムさんが答えます。

「モンジュ・アパを最初に助けるよ。アジア砒素ネットワークの仲間だからね」

二人の会話を聞いて私は笑ってしまい、少し心が落ち着きました。

数分後、私たちは荒れ狂うコボタック川を渡り切り、シュリモントカティ村に到着しました。村は新緑に包まれていました。その自然の美しさに私は息を飲みました。稲の間を風がさわさわと流れていきます。風で稲穂が陽気な女の子のように踊っています。あまりに美しい光景を目の前にして、私は自分がどこにいるのか分からなくなってしまいました。

村のまわりには無数の水路が引かれていました。水路は、雨季は魚の養殖のために利用され、乾季には米が作付けられました。ふと気づいたのですが、ここに生えている木々は、シャム夕の木々とはだいぶ異なっていました。村の何もかもが見慣れないものでした。私たちは一か所に集まって座り、その日の仕事の打ち合わせをしました。

一六〇人余の患者を確認

医師たちは原因不明の病に苦しむ村人たちの検診を始めました。いくつかのチームに分かれ、私はセリム先生のチームで活動しました。

村人に彼らの病のことを尋ねても、誰も病気の名前を知りません。驚いたことに、彼らは自分たちの病に対して何の興味も示さないのです。医師たちに自分の体の症状を見せることにも同意しませんでした。特に女性たちは私たちの前に姿を見せることさえしません。自分の体に現れた斑点を、何かの呪いのせいだと思っていました。この村の人々は、他の村の人たちとは異なっているように思えました。それでも、セリム先生がどうにか数人の病人を診察し、砒素中毒患者であると診断しました。

化学者のシャミムさんが、国立予防社会医学研究所の医師たちの手を借りて、いくつかの井戸の水を検査しました。水からは許容値以上の濃度の砒素が検出されました。昼過ぎに、村の有力者とその他の村人と共にミーティングを開きました。医師たちは、許容値以上の砒素を含む水を飲むと砒素中毒に侵されることを説明し、私は砒素中毒患者の写真を見せ、フリップチャートを使って砒素中毒と栄養摂取の関係について説明しました。このミーティングで、シュリモントカティ村に砒素汚染防止委員会を立ち上げることが決まりました。

午後四時半を回りました。けれど、私たちはまだ昼食をとっていません。食料も水も持って来ていませんでした。みな空腹で喉が渇いていました。近くの店には何も置いてありません。バングラデシュの人々は来客に対してとても親切なので、村で活動をするときはたいてい誰かが昼食をご馳走してくれたものです。ところがシュリモントカティ村の人々は、私たちを敬遠して、招待してくれる家はありません。みなのことを心配したミジャンさんが、ユニオン議会のメンバーにお金を渡し、彼の家で私たちの食事の準備をしてくれるよう頼みました。

その後、この村を訪れるたびに、いつもこの最初の日の苦労を思い出しました。あとで分かったのですが、この村の人々も本当はとても親切だったのです。最初の日は突然見慣れない人たちが見慣れない活動を始めたので、よそよそしい態度だったのでしょう。

二〇〇一年九月に、南と北のパラでメディカル・キャンプを行いました。この村のコリルとジェスミンが私たちの仕事を手伝ってくれました。二人は前日にマイクを使って、私たちの訪問の理由を村人に知らせて回りました。それが功を奏して、たくさんの病人がキャンプにやってきました。「体が焼かれるような痛さがある」、「いつも吐き気がする」、「ひどい胃酸過多に苦しんでいる」、「頭がグラグラし、ジンジンとしびれる」、「ひどい咳が出る」、「固いものをつかめない」、病人らはこのように訴えました。このときのキャンプでは合計一五一人の砒素中毒患者が確認されました。

後日、そのメディカル・キャンプに参加できなかった病人のために、北のパラの道路脇に再度キャンプを設置しました。その日は十三人の砒素中毒患者が確認されました。そのうち、コリモンとロフィクル・フォキルの症状がかなり深刻でした。

メディカル・キャンプが終わると、症状の進んだ患者に薬と砒素除去フィルターを配付しました。アジア砒素ネットワークは、この村の患者に毎月薬を配ることにしました。毎月この美しい村を訪れることができると知り、私はとても嬉しくなりました。

三基のPSF建設

シュリモントカティ村のチューブウェルはすべて砒素に汚染されていました。そこでアジア砒素ネットワークは、池の水を利用するPSFを二基、建設することにしました。利用者組合を作り、安全な水の飲用について啓発するために、私が村を訪れることになりました。

その日は曇っていて、雨がぽつぽつと降り始めていました。そんな中、私はシュリモントカティ村にやってきました。雨に濡れた泥道に足がとられます。雨季にこの舗装されていない道を歩くのは、本当に骨の折れることでした。道がどろどろで、まともに歩けません。雨で流量が増え、コボタック川はさらに勢いを増して流れています。私は川の土手に立ち、その美しい姿を眺めていました。この川の流れの中で、いったい何人の人が命を落としたことでしょう。

村のフィールド・ワーカーであるコリル、ションジョイ、ジェスミンを連れて、リシ・パラに向かいました。私は村の代表者を集め、会議を開きました。フリップチャートを使って、ＰＳＦの写真を見せ、ＰＳＦの利用者組合が必要であることを伝えました。

ＰＳＦが完成すれば、利用者組合がその所有者になります。ＰＳＦ建設費用の一〇％を利用者組合が負担し、そして維持管理や修復のために、各世帯から毎月一〇タカ（当時一タカ＝約二円）を徴収することを提案しました。

この提案に対して、数人の村人が異論を唱えました。彼らはこう言いました。

「あんたたちは政府から、このための金をもらっているんだろ。だったら、なんで俺たちが金を出さなくちゃならないんだ？」

私は彼らに説明をしました。アジア砒素ネットワークが横浜ライオンズクラブからの寄付金を使ってＰＳＦを建設し、バングラデシュ政府からは一切資金をもらっていないこと。建設費の一割は利用者組合が負担することがこの国の政策だということ。

この後、私は家を一軒一軒回り、女性たちにＰＳＦの水を利用する利点を説明して回りました。ところが、村の女性たちは私に近寄ろうとしません。一人の女性にその理由を聞くと、驚きの答えが返ってきました。

「アパ、私たちはとても貧しいの。私たちの体、におうでしょう。だからあなたに近寄ると、あなたに迷惑がかかるわ」

私は少しの間、返す言葉が見つかりませんでした。そして、彼女たちに言いました。

「私は何か気に障るようなことを言ったでしょうか？」

「あなたはいい人よ。でも、あなたの前に来た女性は、私たちの体が臭いから、離れて座るようにと言ったの」と、彼女たちが言います。

私は彼女たちに言いました。

「私は裕福な家の娘ではありません。この村と同じように貧しいシャムタ村で生まれました。村のごく普通の家で育ちました」

このことがあってからは、私はできるだけ質素な普段着でこの村を訪れるようにしました。

シュリモントカティ村のショルダル・パラとリシ・パラでPSFの建設が始まりました。二十五日間の建設期間中、シャムタ・ヤング・コミティのアノワル、クッドゥス、カマルジャマンがPSF建設をモニタリングしました。その様子を見ていたドッキン・パラの住人も、石と砂でろ過するPSFに興味を示し始めました。そこで、アジア砒素ネットワークは、ドッキン・パラに三基目のPSFを建設することにしました。

建設が終わると、村人たちはチューブウェルの水ではなくPSFの水を飲むようになりました。村の三基のPSFが村人の飲み水を確保しています。ドッキン・パラのPSFの池は乾季の終わり頃になると涸れてしまうこともありますが、その他の二つは一年中利用することができます。

池の魚の大量死

シュリモントカティ村の三つのパラに一基ずつのＰＳＦが建設されると、村人たちは大変満足し、ＰＳＦの水を飲むようになりました。

ある日、リシ・パラの一人の女性がＰＳＦから水を汲もうとすると、水から鼻をつくにおいがしました。彼女の後ろには、水を汲もうとする女性たちの列ができています。彼女たちもみな、においに気づきました。みなで池を覗いてみると、池の魚が死んで浮かんでいます。そして池から毒のような異臭がしてきます。彼女たちは村人に、ＰＳＦの水を利用しないようにと伝えました。

池に浮いていた魚

ちょうどその日、アジア砒素ネットワークの川原さんとシャミムさんが、ＰＳＦの視察に訪れていました。村の女性たちは二人に、池で死んでいた大量の魚の入った竹ざるを見せました。シャミムさんが池の周りを歩くと、殺虫剤の瓶が見つかりました。

「みな、この池の水を飲んでいるから、もし気づかずに口にしていたら多くの死者が出ていたかもしれない」と、川原さんは大変心を痛めました。

この事件の背景を突き止めるために、二人は何人かの村人を連れて地元の警察署に出向き、犯人を見つけてくれるようお願いをしました。ところが、最後まで警察は犯人を捕まえることができませんでした。この後も、近隣の池で同じような事件が起こりました。そして、パラの人々は確信しました。犯人は、この池から高い値段で売れるエビを採るために毒を撒き、死んだ魚には目もくれなかったのだと。

化学者のシャミムさんがPSFの池の水を採取し、アジア砒素ネットワークのラボラトリーで検査しても、毒は検出されませんでした。その頃、南米原産の植物性の毒で、水に溶けて時間がたつと成分が分からなくなるものが売られていたので、シャミムさんは、その毒を殺虫剤の瓶に入れて運んだのではないかと推測しました。アジア砒素ネットワークは村人を安心させるために、池の水を新しい水に入れ替えました。

マジディア村

排泄物の散乱する村

ジェナイダ県のカリゴンジ郡ボロバザール・ユニオンのマジディア村は、四方を美しい緑に囲まれた村です。村人のほとんどが農業に従事していて、特に冬にはたくさんの野菜が収穫されます。

私が国立予防社会医学研究所とアジア砒素ネットワークの調査に同行して初めてマジディア

村に向かったとき、道が悪くどろどろで、車はボロバザールから先に進むことができませんでした。私たちは車を降りて歩き始めました。五キロの道のりを歩き、やっとのことでマジディア村に到着しました。

村はひどく汚れていました。村人が掃除しないのでしょうか。まともなトイレもなく、道端のあちこちに人の排泄物が落ちています。私たちはそれを踏まないように、慎重に歩かなくてはなりませんでした。

この村はひどい貧困に苦しんでいました。特にゴシュ・パラの住人の生活は困窮していました。食べ物も十分になく、みな痩せ細っています。着ている服も破れてぼろぼろです。竹で作った家に住んでおり、屋根は藁葺き（わらぶ）でした。生きていくために苦しい闘いを強いられています。

そこに不治の病がやってきて、村人の生活をさらにみじめなものにしていました。村人の胸や背中に茶色のぶつぶつができています。手の平や足の裏の皮膚が固くなり、腫れているところもあります。病人たちはみな弱り果て、力仕事ができなくなっていました。

村人たちは私たちの来訪に関心を示し、特に外国人には非常に興味を持ったようでした。調査団を見るために、たくさんの人が集まってきました。村人たちが私に日本人のことをいろいろと聞いてきたので、私は彼らの好奇心が満たされるように、できるだけの返答をしました。

研究所のアクタール先生とセリム先生が、ゴシュ・パラとビッシャシ・パラで砒素中毒患者

マジディア村の子供たち

を発見しました。シャミムさんがいくつかのチューブウェルの水を検査すると、高い濃度の砒素が検出されました。村人によると、これまでに六人が同じような症状を患って死んでいったそうです。さらに数名が、死を待つだけの状態にあるとのことでした。

日の暮れる前に、村人を集めてミーティングを開きました。その日のうちに砒素汚染防止委員会が立ち上げられ、マジディア小学校の校長先生であるモハンマド・アブドゥル・ハミッド・ビッシャシが委員長を務めることになりました。私たちは、砒素に汚染されていない安全な水を飲むようにと、村人にアドバイスをしました。

別の日に、私たちはマジディア村でメディカル・キャンプを実施しました。ゴシュ・パラのションジットとビッシャシ・パラのアブドゥル・ラジャックが、キャンプ開催の手伝いをしてくれました。医師たちはマジディアに一四三人の砒素中毒患者を確認し、そのうちの六十八人に、アジア砒素ネットワークが毎月、薬を配付することになりました。

五人の嫁に見捨てられ

ある日、砒素中毒患者であるイジット・アリの容態が悪化したとの知らせがあり、私たちはマジディア村に向かいました。彼の病状を確認し、急いで山形ダッカ友好病院に入院させました。十八日間の入院の後、容態は回復し、彼は村に戻ってきました。

数か月後、イジットは再び病に倒れます。睾丸に砒素中毒特有の腫れものができていました。彼は恥ずかしがって、そのことを医師に話すことができませんでした。私たちは彼を再び入院させようとしましたが、彼は首を縦に振りません。そしてゴラム・ラーマンという村医者にかかるようになりました。

二か月後、彼の身体の腫れものは癌に変わりました。ゴラム・ラーマンは腫れものから出る膿をきれいに拭き取りました。私も週に二回、新しい包帯を持って村を訪れ、包帯を取り換える手伝いをしました。膿はひどいにおいを放ち、近くに寄るのも困難でした。

ある日、イジットの包帯を取り換えるためにミジャンさんと一緒に彼の家を訪れたときのことです。イジットは裸で軒下に横たわっていました。腫れものがさらに膨れ上がり、見るも無残な状態です。痛みのせいで、布をまとうことすらできないでいました。

この三日後、イジットの訃報が届き、私たちは再びマジディア村に向かいました。たくさんの村人が、最期に一目会うため彼の家に集まっています。みなの目に涙が溜まっていました。イジットは村ではよく知られた人物で、村のほとんどの人との交流がありました。

彼の家には兄夫婦以外、誰もいません。兄夫婦には子供がいなかったので、イジットを自分たちの息子のようにかわいがっていました。

兄夫婦はイジットを結婚させましたが、結婚式の翌日には、嫁は父親の家に戻りたがりました。嫁はイジットの兄に向かって言いました。「あなたの弟の体中に黒いぶつぶつがあるの。手足も石のように固いわ」。そしてもう二度とイジットのもとには戻ってきませんでした。

イジットは再び結婚しましたが、その嫁も同じ理由で家を出て行きました。イジットは日に日に弱っていきましたが、三度目の結婚をしました。この嫁は一年ほどイジットと共に暮らし、男の子を出産しました。ところが、子供を残して彼女も実家に戻ってしまいました。イジットの兄嫁がその子供の面倒をみました。子供も兄嫁のことを自分の母親だと思って育ちました。

イジットは再び結婚しますが、その嫁も数日後に出て行きました。イジットはこれが最後だと思い、五度目の結婚をします。しかし、結果は同じでした。

砒素中毒患者のイジットと一緒に暮らしたいという

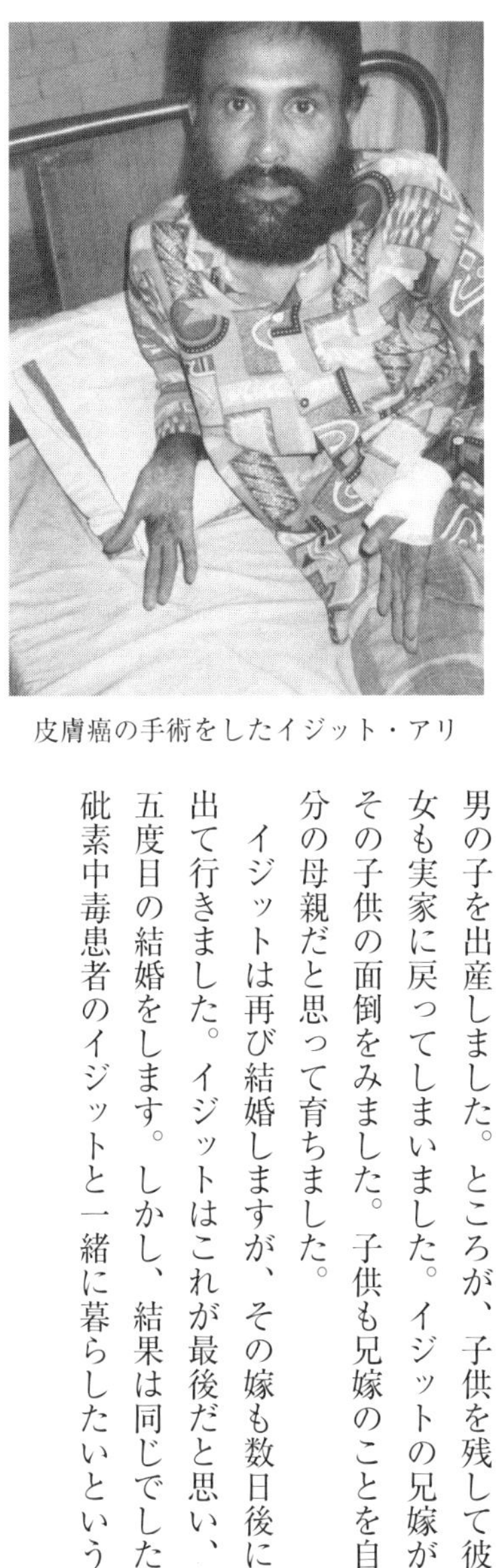

皮膚癌の手術をしたイジット・アリ

嫁はいなかったのです。

イジット・アリの遺体が白い布に包まれて軒下に横たわっています。遠くからやってきた弔問客の中に、三番目の嫁の姿がありました。イジットの身体が清められ、棺に乗せられて墓地へと運ばれて行きます。その様子を眺めながら、村人たちは口々に噂していました。イジットの三番目の嫁は子供を連れ戻しに来たのではないかと。しかし、イジットの兄嫁は子供を手放そうとしませんでした。私たちもみなに別れを告げ、帰路に着きました。後に知ったのですが、三番目の嫁は今でも時々、息子の様子を見にマジディア村にやってくるそうです。

三か所にPSF建設

マジディア村の三つのパラ（ビッシャシ・パラ、ゴシュ・パラ、ドッキン・パラ）で、私たちはさまざまな啓発活動を行いました。私はシャムタ村での出来事を話し、不治の病に侵された人々の写真を見せ、砒素中毒の恐ろしさを伝えました。フリップチャートを使って、砒素の予防法とPSF建設に関して説明をしました。こうして少しずつ、チューブウェルの水の汚染のせいで住人が病気になっていることを信じてくれるようになったのです。

三つのパラのうち、一番多く砒素中毒患者がいたのはゴシュ・パラでした。私たちは、ゴシュ・パラの人々が真っ先にPSFを作りたいと申し出るだろうと考えていました。ところが、予想に反してビッシャシ・パラの人々が先に申し出たときには本当に驚きました。というのも、ビッシャシ・パラの人々は当初、「もう何年もの間チューブウェルの水を飲んでいるのだ。これまで汚染されたことなんてなかった。今になって突然どうやって毒に汚染されるっていうのさ」と主張し、聞く耳を持たなかったからです。

これには、マジディア村の小学校校長であるモハマド・アブドゥル・ハミッドが、ビッシャシ・パラの住人にPSFの重要性について説いたことが影響したようです。利用者組合も立ち上がり、利用者から建設費の一〇%の負担金を徴収し始めました。はじめのうちは負担金を払いたがらない人もいましたが、PSFの建設が始まると、その人たちも払うようになりました。

二〇〇一年四月にPSFが完成すると、ビッシャシ・パラの住人はPSFの水を飲むようになりました。ゴシュ・パラのいくつかの世帯も、そこから水を汲むようになりました。

PSFの水を飲んでみたゴシュ・パラの人々は、自分たちのパラにもPSFが欲しくなりました。アジア砒素ネットワークに建設依頼を出し、利用者組合を立ち上げ、建設費の一〇%の負担金を徴収するとすぐ建設が始まりました。

ゴシュ・パラの人々はとても貧しく、維持管理費のために月額一〇タカ払うことを了承しませんでした。利用者組合は頭を悩ませました。そこで、米の収穫時に三百世帯から五キロずつ米を徴収し、合計一五〇〇キロの米をバザールに売ることにしました。およそ二万から二万五〇〇〇タカの売り上げを村の商人に貸し付け、返済される利子を維持管理費に充てることにしたのです。ゴシュ・パラでは、今でもこの方法でPSFの維持管理費を工面しています。ゴシュ・パラの人々は牛乳を売って生計を立てるようになり、暮らし向きも改善してきました。今では飲み水と料理の用途にPSFの水を使っています。

そして三つめのPSFがドッキン・パラに建設されました。まず利用者組合を立ち上げ、利用者負担金を徴収したのち、アジア砒素ネットワークに建設を依頼してきたのです。

ドッキン・パラには砒素中毒患者はいませんでした。砒素汚染の濃度も他のパラほど高くありません。それでも、今後の予防策としてPSF建設に関心を持ったのです。利用者組合は合計一万タカを集め、そのうち七〇〇〇タカは利用者から、三〇〇〇タカはマドラサの資金から寄付されたものでした。

当時、村医者のゴラム・ラーマンがPSF維持管理委員会の議長を務めていました。委員会は池の水をきれいに保つために、池のまわりにフェンスを備え付けました。その後、維持管理委員会は一度解散し、新しい維持管理委員会が立ち上げられました。ところが、新しい委員会は池の水をきれいに保つことに関心がなく、池の持ち主が池で魚を飼い始め、人々が牛やヤギを洗ったり、鶏やアヒルの水浴びをさせたりし始めたため、池はあっという間に汚れてしまいました。そして人々はPSFの水を飲むことをやめてしまったのです。

ドッキン・パラのPSFは、今では見向きもされず荒廃しています。つまり、維持管理委員会と利用者組合がしっかりと機能していないと、最初の意気込みも消え失せ、せっかくの代替水源建設も失敗に終わってしまうのです。

ゴピナトプル村

用水路沿いに広がる村

ゴピナトプルはチュワダンガ県ダムルフダ郡ゴクルカリ・ユニオンにある小さな村です。村の端を、ジア・カルという名で知られる水路が流れています。一九七〇年代後半、当時の大統領ジアウル・ラーマンによってバングラデシュは急速に発展しました。彼が国を豊かにする政策の中でも特に優先させたのが、乾季でも農業用の水を確保するための水路の掘削でした。ゴピナトプルでも水路を新しく引き直すプロジェクトが実施されました。村はこの水路の片側に広がっています。

当時、村には二五〇世帯が住んでいました。アジア砒素ネットワークは、ゴピナトプルの村人たちが原因不明の病で苦しんでおり、何人かはすでに死んでしまったことを知りました。

私がネットワークの日本人スタッフと国立予防社会医学研究所の医師たちと共に村を訪れたのは、ボイシャキ月の始まった頃でした。道の両脇には緑色の田畑が広がっています。緑の木々の間に、火のようにも見える真っ赤な花が咲いています。私たちの大好きなクリシュノチュラの花です。風に揺られて本当に火が燃え盛っているようです。緑と赤の背景に時々白いものが浮かんでいます。かわいらしい蝶が飛んでいるのです。花の蜜を集めるために蜂もブンブンと音を立てて飛んでいます。カッコウのクフクフという鳴き声で、花はいっそう美しく輝いて見えます。

長い道のりを走り、ゴピナトプルに到着したときには、ボイシャキの暑さのせいで、みな疲れ切っていました。日差しから逃れられる木陰を探しましたが、近くに大きな木は生えていません。日差しを避けようと、私たちは道端の茶屋に入りました。

道端にいながらも、私たちは村人を集める手間を省くことができました。村人の方から集まって来たのです。村人たちは一度も外国人を見たことがありませんでした。みな日本人に興味津々です。村人は私にいろいろなことを尋ねてきました。「どうして肌の色がそんなに白いのか?」、「米や肉や魚を食べるのか?」、「私たちのようにサリーを着るのか?」などです。

私は村人たちに答えました。「自分で聞いてみたらどうですか?」。

「でも、俺たちの言葉は分からないのだろう?」と、村人たちは困惑していました。そこで私が質問に答えてあげると、彼らは大変喜びました。

研究所のアクタール医師とセリム医師がすぐに病人たちの診察を始めました。病人の手足や胸を検査していきます。村人たちは怯えることなく私たちに協力してくれました。アジア砒素ネットワークのスタッフがフィールド・キットで水質検査を始めると、チューブウェルの水が高い濃度の砒素に汚染されていることが分かりました。どれも飲用には適していませんでした。

村人たちは、これより以前に砒素について耳にしたことは一度もありませんでした。

ハミラという村の女性から聞いたのですが、はじめに彼女と娘が謎の病に倒れると、村人たちは彼女たちを避けるようになったそうです。誰も彼女たちと口をきこうとせず、見かけるとその場を離れました。村人たちは、母娘が神の教えに背いたために罰を受けているのだと考えました。それに、この病が人にうつり、子供たちにも遺伝すると思い込んでいたので、ハミラと娘を自分たちの家に上げようとはしませんでした。仕事もさせず、村の祭りにも参加させず、村を出て行くように言う者も多くいました。村人たちのひどい仕打ちのせいで、母娘はさらに弱っていきました。

カバル・マも砒素中毒患者でした。彼女は村人からこんなふうに言われたそうです。「お前はちゃんと身体を洗わないから、身体に黒い汚れが染みついたのだ。石鹸を使ってきちんと身体を洗いなさい」と。

初日に医師たちは二五〇世帯から六十二人の砒素中毒患者を特定しました。患者たちの状態はすでに深刻になっていました。砒素中毒と認定された病人に、ビタミンA、ビタミンE、ビタミンC、そして軟膏が配付されました。私は彼らに他の地域の患者たちの写真を見せ、フリップチャートで砒素中毒の説明をし、シャムタ村の状況についても伝えました。

砂フィルター付きダグウェル（掘り井戸）

村人たちは安全な水を飲むことができるよう、アジア砒素ネットワークに代替水源の建設を依頼しました。ネットワークは、村にある二つの壊れたダグウェルを修理すれば、飲用水源として利用できるのではないかと考えました。この村ではチューブウェルが普及するまで、地下を一〇メートルほど掘って円形の井戸を作り、地上からしみ込んできた水をバケツで汲み上げて飲んでいたのです。ところが、実際に見てみると、ダグウェルは修理できるような状態ではありませんでした。そこでゴピナトプルの二つのパラに一基ずつ、砂のフィルターをつけた新しいダグウェルを設置することにしました。

そして、ゴピナトプルの村人の一人をフィールド・ワーカーとして雇いました。彼が家々を回り、砒素汚染や砒素中毒の予防法について説明しました。日中はほとんどの男性は家にいません。そこで女性たちを相手に説明をしました。妻や娘たちが、家に戻った夫や兄弟に伝えるのです。

私たちは村に砒素汚染防止委員会を立ち上げました。すると、数日後には、村人たちは修理費の一部を負担することを了承しました。住民負担金を徴収すると、すぐにダグウェルの設置工事が始まりました。一基目のダグウェルは一週間から一週間半かけて掘削され、それから二十日ほどかけてコンクリート製の砂フィルターが取り付けられました。ダグウェルの水にはたくさんの大腸菌が含まれているので、砂のフィルターでその菌を減らすことが目的です。

一基目の砂フィルター付きダグウェルが完成し、問題がないことが確認されると、翌年二基目の建設が始まりました。二基目の設置も同じように、井戸掘削に一週間、砂フィルターの取

コンクリートのリングを埋めてダグウェルをつくる（シャシャ郡で）

り付けに二十日ほどかかりました。二基の設置が終わると水質検査を行い、飲用に適していることを確認しました。

こうして、村人たちはダグウェルの利用を開始しました。はじめのうち彼らはダグウェルの水には味がないと苦情を言いましたが、毎日飲むうちに慣れていき、問題はなくなりました。

症状改善のための栄養指導

アジア砒素ネットワークは二〇〇八年から二〇一〇年の間に、味の素株式会社の支援を受けて「バングラデシュの砒素中毒患者症状改善のための栄養指導」というプロジェクトを実施しました。その対象地として、シュリモントカティ村、マジディア村、ゴピナトプル村の三村を選出しました。現在では、マジディアから二人、ゴピナトプルから一人、そしてシュリモントカティから三人が、ヘルスワーカーとしてアジア砒素ネットワークで働いています。

ゴピナトプル村では、ヘルスワーカーたちがまず患者の身長と体重を計り、彼らの日々の食事リストを作成し、家族の一人一人がどれだけの量の食事をとっているかを記録しました。この作業が終わると、村の女性たちに野菜の切り方と調理の仕方について教えます。米の茹で汁の栄養素についても説明して回りました。バングラデシュの伝統的な調理法では、米を大量の水で茹でこぼします。特に男性たちはドロドロとした茹で汁が残ったご飯を嫌がります。汁にたくさんのビタミンが溶け込んでいることを知らないのです。

ゴピナトプル村での栄養調査

ご飯の茹で汁を捨てるとビタミン不足になること、切る前に野菜を洗えば栄養素が損なわれないこと、料理の途中で青唐辛子を入れればビタミンCが損なわれないこと、弱火で調理をし、調理中に鍋に蓋をすること、そして、ヨウ素を摂取するために調理を終えてから塩を入れること、ヘルスワーカーたちはこうした調理のコツを伝えて回りました。そして、村の女性たちに、栄養素のカテゴリーや、さまざまな食べ物に含まれる栄養素について説明しました。

村の人たちは長年の生活習慣を変えることを好みません。それに、長年の習慣をすぐに変えろといっても難しい問題です。それでもヘルスワーカーたちは、砒素中毒患者の食生活を改善しようと最善を尽くしました。

それから二年後

二〇一〇年に味の素プロジェクトが終わると、アジア砒素ネットワークはゴピナトプル村を訪れなくなり、そうして二年ほどが経ちました。

二〇一二年四月十八日、現状を確認するために私はゴピナトプルを訪れました。初めて村を訪れたときに日差しから逃れるために駆け込んだ茶店、そしてフィールドワークのときに休憩した茶店は閉まっていました。近くの村人が、店主が二〇一一年十二月に亡くなったと教えてくれました。砒素中毒患者だった店主の死を知り、私はなんとも言えない悲しい気分になりました。ところが、死の知らせはこれに留まらず、私はさらに悲しい現実を耳にすることになりました。二〇一一年十二月から二〇一二年四月の間に、さらに三人の砒素中毒患者が亡くなったそうです。

私はある家の軒下に座っていました。一人の女性が、砒素に汚染されていることを示す赤く塗られたチューブウェルから水を汲んでいるのが見えました。驚いた私は、村中の様子を見て回りました。村の人々が言うには、村は深刻な水不足に悩まされ、仕方なく砒素に汚染されているチューブウェルの水も飲むようになり、結果、砒素中毒のリスクが増加しているとのことでした。

二五〇世帯の村には、二つの砂フィルター付きのダグウェルの他には安全な水源がありませんでした。全世帯に飲み水を供給するには二つのダグウェルでは十分ではなく、さらに乾季には一基目の井戸が涸れてしまうそうです。二基目のダグウェルの利用者たちは、一基目の利用者に自分たちの井戸を使わせようとしませんでした。一基目の利用者たちは安全な水源を失い、仕方なく汚染されたチューブウェルの水を汲んでいたのでした。

二〇一一年から二〇一二年の間に四人の住人が亡くなると、村人は砒素の脅威に震えました。もしアジア砒素ネットワークがもう一度調査をすれば、以前より多くの砒素中毒患者が見つかるだろうと、村人は不安を口にしました。病人は増え続ける一方だったのです。もし定期的に調査を行っていれば四人の命を救えたかもしれないのにと、村人は不満を隠せずにいました。

村人が望んでいたのは、もう一度砒素中毒患者の診断を行い、一基目のダグウェルを乾季にも使えるよう修理した上で、新しい安全な水源を設置することでした。栄養調査をしていたときは、アジア砒素ネットワークが砒素中毒患者たちに薬を配付していましたが、二〇〇九年からは政府が代わって郡病院で薬を配給しています。村人に薬をもらいに行っているかと尋ねると、「郡病院はここからとても遠いんだ。郡病院がどこにあるのかも知らないよ。だから薬をもらってはいないんだ」という答えが返ってきました。

不治の病がじわりじわりと再び村人を苦しめ始めました。プロジェクトが終わってしまった今、この村の人々はどうやってこの病と闘うのでしょう。この村に平穏が訪れる日は来るのでしょうか。

ケシャブプル郡とオバイナゴール郡

アジア砒素ネットワークは、ジョソール県シャシャ郡のプロジェクトが二〇〇四年十二月末に終了すると、二〇〇五年四月からケシャブプル郡のパジヤ・ユニオンで安全な水を供給するプロジェクトを始めました。私はこのプロジェクトでも啓発を担当しました。

一年が過ぎると、プロジェクトはケシャブプル郡の他の七つのユニオンにも広がりました。モンゴルコト、ゴウリゴナ、シャゴルダリ、ビカティ、モジプル、トリモホニ、そしてショドルのユニオンです。

砒素に汚染された水を料理や飲用に使わないように住人に啓発するかたわら、栄養指導も行いました。これまでにやってきたように、食べ物に含まれる栄養素について教え、野菜の栄養を損なわない切り方や洗い方、調理法などを指導しました。米の茹で汁を捨てずに摂取すること、弱火で調理すること、調理の最後にスパイスや塩を加えることなどは、村人には馴染みのない習慣です。より分かりやすく伝えるために、実際に調理を実演してみせたりもしました。

ケシャブプル郡での仕事はつつがなく進んでいきました。そして、それと並行して二〇一〇年三月に、ジョソール県オバイナゴール郡で「砒素汚染による健康被害・貧困化抑制プロジェクト」が始まりました。私は週の三日をオバイナゴールのプロジェクト実施地で活動し、残りの二日はジョソール市内にある事務所で勤務しました。

オバイナゴール・プロジェクトで私は特別な教訓を得ました。このとき私は、自分がすべき仕事の全体像がよく分かっていませんでした。ただ、分かっていたとしても、仕事を円滑にすることは難しかったでしょう。なぜなら、オバイナゴール・プロジェクトのスタッフは、互いの進捗状況を報告したり、仕事内容を共有したりしなかったからです。

主な仕事の責任はフィールド・オフィサーにありました。他のスタッフはみなフィールド・オフィサーに仕事の進捗を報告する義務がありましたが、フィールド・オフィサーはその内容を他のスタッフと共有しませんでした。啓発活動のリーダーであったスタッフとフィールド・オフィサーの意見も合いませんでした。次第に士気は下がり、フィールド・ワーカーらは外で適当に仕事をし、さぼっていたりもしたのです。ついには、啓発を専門とするスタッフが仕事を辞めて、いなくなってしまいました。私も思うように仕事を進めることができず、マネージャーに相談し、毎日ジョソール市内の事務所で勤務できるようにしてもらいました。

オバイナゴール・プロジェクトでの経験から、スタッフ同士が連携し、互いに助け合うことの重要性を学びました。そうでなければ仕事が成り立ちません。シャシャやケシャブプル、その他の地域ではこうした問題に悩むことはありませんでした。仕事を始める前に必ず互いの状況を報告し合ったからです。

互いの協力なしに、仕事にやりがいを感じることはできません。それに、たとえ立派なプロジェクト報告書ができあがったとしても、住人が喜ぶような活動とはほど遠いものになるでしょう。

第六章　墓　標

あふれる思い出

二〇〇一年から二〇一二年までの間に、アジア砒素ネットワークはシュリモントカティ村、マジディア村、ゴピナトプル村だけでなく、シャシャ、チョウガチャ、チュワダンガ、カリゴンジ、ケショブプール、オバイナゴール、タラ、そしてコチュヤなどの郡の多くの村々で砒素中毒患者支援に取り組みました。私は砒素中毒に苦しむ人々の姿をたくさん見てきました。彼らは自分の死が訪れる日を、ただ耐えながら待つしかありませんでした。治療を受けても体調は完全には回復しません。患者たちの命をあとどれほど延ばすことができるのか、私たちには分かりません。

患者が亡くなると、アジア砒素ネットワークのスタッフは一晩中、遺体のそばを離れませんでした。亡くなった患者の苦しみと、自分たちの無力さに涙を流したものです。病院で亡くなった患者の遺体を車に乗せ、村の家まで送り届けもしました。このようにして、アジア砒素ネットワークと砒素中毒患者の家族は、本当の家族のような深い絆で結ばれたのです。

私はシャムタ村の光と風の中で育ちました。村は母のように深い慈しみで私を育ててくれました。シャムタの村人に対する私の愛は、家族を愛する気持ちと変わりません。

二〇〇一年から二〇一二年の間に亡くなった砒素中毒患者たちの中で、特に私の記憶に焼き付いている村人たちとの思い出を、ここに記したいと思います。私の心は彼らの思い出であふれており、思い出すたびに目頭が熱くなります。亡くなった人たちの奥さんや子供たちに会うと、涙がこみ上げ、喉が詰まってしまいます。私は彼らのことを決して忘れることはないでしょう。

腹をしばって働いたショウコット

私が子どもの頃、村人から「お化け」と呼ばれて忌み嫌われていたショウコットの母親の話を前に紹介しました。彼の父親は、そんな妻を疎み、離婚を決意しました。しかし、ショウコットの祖父はこう言って離婚に反対しました。

「うちの嫁は故郷の村からこの病を持ってきたのではない。シャムタに来てから病にかかったのじゃ。だから、わしらが看病をしてやらなくては」

しかし、ショウコットの父親はその言葉に耳を貸しませんでした。母親はなすすべもなく、ショウコットの妹を連れて自分の父親の村に帰って行きました。ショウコットはシャムタに残り、父親と一緒に暮らしました。

父親は二度目の結婚をし、新しい奥さんを連れてきました。しかし、その継母の身体にも黒い斑点が現れ、手足に固いイボができました。継母は少しずつ弱っていき、家の仕事をすることができなくなってしまいました。

すると父親は三度目の結婚をし、数年経つと、また同じ理由で四度目の結婚をしました。四度の結婚を繰り返した息子を見限ったショウコットの祖父は、彼を家から追い出してしまいました。ショウコットの母親は、ショウコットに会うためにたびたびシャムタへやってきました。私の母や村人たちは好奇心を抑えられず、みなで彼女の姿を見に行ったものでした。

ショウコットの祖父が亡くなると、父親が家に戻ってきました。彼はひとり息子でしたから、相続した土地を売って、仕事をしようとせず、三匹の犬と猫を一匹、そして馬を一頭飼って、四番目の妻とその息子と羽振り良く暮らしはじめました。

それから十年以上経った一九九四年頃、ショウコットの母親は今にも死にそうなほど弱りきっていました。ショウコットは父親に、もう一度母親と結婚して家に連れ戻してほしいとお願いしました。そこで父親は再度母親と結婚し、シャムタで治療の面倒を見始めました。

その頃、ショウコットもすでに謎の病に侵されていました。母親と自分自身の世話をさせるために、彼も結婚してお嫁さんをもらいましたが、母親の体調は少しも良くならずに死んでしまいました。

アジア砒素ネットワークの援助で、私は一九九九年に、ショウコットを山形ダッカ友好病院に入院させました。彼の左手の三本の指は曲がって、まっすぐ伸ばすことができなくなっていましたが、十五日間ほど治療を受け、彼は元気になって村に戻ってきました。

家に帰ると、彼は新しく人生をやり直しました。自分の土地を売ってしまったので、人の土地を耕してなんとか食い扶持を稼がなくてはなりません。しかし、そうして働いているうちに、また病気がひどくなり、再び山形ダッカ友好病院に入院し、左手の三本の指をまっすぐに伸ばす手術を受けました。

医師はショウコットに数か月の休息をとるようにと言いましたが、しかし、彼が働かなければ家族は食べていけません。その後も仕事を続けるうちに、彼はひどい腹痛を感じるようになりました。痛みに打ちひしがれ、動けなくなることもしばしばありました。

ある日、私は彼が腹にガムチャ（手ぬぐい）を巻いて仕事をしている姿を見かけたので、なぜそんなことをしているのか理由を尋ねました。

「腹が痛くて、ガムチャで強くしばっていないと仕事ができないんだ。俺が仕事をしなかったら、誰が子供たちを食べさせるのさ。盗みをするわけにいかないから、仕事をしなくちゃならないんだ」

なぜ盗みの話が出てくるのか、私は気になって聞いてみました。すると彼は、ある貧しい家族の話を始めました。

「俺の家のそばに、とても貧しい一家が住んでいたんだ。五人も子供がいた。砒素中毒にかかっていたかどうかは知らないが、家の主は仕事ができないでいた。そこで、夜の暗闇の中、他の家の台所から晩飯を盗んで子供たちに食べさせていたんだ。子供たちは一日中、夜がやってくるのを待っていた。夜になれば、飯が食べられるからだ。

その日も子供たちは待っていた。ところが晩飯を食べることができなかったどころか、父親が遺体で帰ってきたんだ。子供たちは、『父ちゃん戻ってきて、もうご飯はいらないよ。もうご飯は食べないから、戻ってきて』なんて言って泣いたのさ」

父親はその日、いつも通りご飯を盗むために、ある家に忍び込みました。一つの家からご飯を盗むわけではありません。五人の子供たちに食べさせるために、四、五軒の家から少しずつ盗むのです。二、三軒の家から盗み終え、もう一軒の家に入ろうとすると、家主に見つかってしまいました。急いでご飯をつかみ逃げようとしました。家主は家にあった槍を取り出し、彼に投げつけました。槍は背骨に命中し、彼は地面に倒れ込みました。

近づいてみた家主は、その男が近所の住人であることに気づきました。横にはご飯の入った皿が転がっています。男が家主に向かって言いました。

「バイ（兄弟）、俺を殺してくれ。腹が減って死にそうなんだ。……でも、子供たちが寝ずに待っている。俺が持ち帰る飯を食べてからでないと寝ないんだ」

　家主は涙を流して言いました。「ああ、アッラー、私はなんということをしてしまったのでしょう」。その隣で男が苦しみながら死んでいきました。どうか子供たちに飯を届けてくれと懇願しながら……。

「それ以降、子供たちがどうやって飯を食ったのか俺には分からない。子供のために命の危険を顧みずに盗みをすることができるなら、俺が命を削りながら子供のために仕事をするのも当たり前のことさ」。そう話すショウコットの目には涙が浮かんでいました。

髪を洗ってもらうショウコット

　後日、私は彼の家を訪れました。家の前にヤシの木が生えていて、その木の下に彼が座っていました。妻が優しく体を拭いてあげています。彼の目は、生きたいと切望していました。

　ある日、ショウコットの容態が非常に悪いという知らせを受けました。そこで、山形ダッカ友好病院に入院させましたが、すぐに村に送り返されてしまいました。医師が言うには、もう彼にしてやれることはないとのことでした。そして二〇〇二年のショベボラット（一晩中祈りを捧げるイスラムの行事）の日に、彼は死んでしまいました。四十七歳でした。

シャヒダが遺した三人の息子

シャヒダ・カトゥンは享年およそ五十、二〇〇四年二月二十七日に亡くなりました。砒素中毒による肝臓癌、浮腫、そしてひどい咳を患って死んでしまいました。

シャヒダの夫の名はアブドゥル・ラジャック。シャヒダは彼の一人目の妻でした。夫婦関係がうまく行かず、結婚して数か月後には、ラジャックはロウファという娘とも結婚しました。彼はバスの助手と畑仕事をして家族を養いました。妻が二人もいるのに貯金は全くありませんでした。

ところが、二人の妻が病に倒れると、ラジャックは再び結婚をしました。三人の妻が暮らすラジャック家に、不幸が忍び寄っていました。子供たちは合わせて九人。その食事や衣服を調達するだけで、彼はくたくたになってしまいました。そこで、一番若い妻だけを連れて、彼はジョソールに働きに出ました。シャムタには、シャヒダとロウファと、彼女たちの子供たちが残っています。ラジャックは毎週、彼女たちのために金を送り、そうして家族はなんとかやっていきました。

シャヒダの身体に浮き出た黒い斑点は、日に日に増えていきました。そして次第に手足が腫れ始めました。アジア砒素ネットワークは、彼女の病状が少しも改善されないので、山形ダッカ友好病院に入院させました。すると容態は持ち直し、元気になって村に帰ってきました。

シャヒダには二人の息子がいましたが、三人目の子供を妊娠したところで症状が悪化し、歩くことさえ困難になっていきました。ある日、子供が産まれたというので、私は会いに行きました。なんとかわいらしい丸々とした赤ちゃんに恵まれたことでしょう。シャヒダはとても幸せでした。しかし、その陰に大きな不安もありました。足を動かすことができないのです。ひどい痛みに苦しんでいます。

数か月後、シャヒダはひどい呼吸障害を起こし、また、両足がすっかり腫れ上がってしまいました。アジア砒素ネットワークは再び彼女を山形ダッカ友好病院に連れて行きました。幸い数か月の入院で回復しました。

退院の日、医師が、あまり歩かないようにと忠告していたので、ダッカからジョソールへ飛行機で移動しました。シャヒダは「もう思い残すことはないわ」と大変喜んで言いました。人生に一度でいいから飛行機に乗ってみたいというのが、彼女の夢だったからです。

シャムタに戻ってから、シャヒダは再び症状が悪化しました。アジア砒素ネットワークが彼女の食事を管理しましたが、それでも状況は変わりませんでした。病院に行っても効果がないので、彼女はただただ布団に横たわっていました。起き上がることもできず、すっかり痩せて、骸骨のように骨と皮だけになってしまいました。夫に一目会いたいと懇願しましたが、夫は会おうとはしませんでした。

その数日後、シャヒダの訃報が届きました。シャムタ村で砒素中毒患者が亡くなれば、私がアジア砒素ネットワークを代表して葬儀に参列しました。シャムタ出身の私には、その分責任も多くあるのです。シャヒダの遺体の隣で、小さな三男坊が遊んでいます。兄たちは、母を失った悲しみに、わんわんと泣いていました。

四人の女性たちがやってきて、シャヒダに沐浴をさせると、棺に敷かれた布の上に彼女を横たえました。シャヒダは五トゥクラ（八・六メートル）の布以外、何も身につけずに旅立ちます。女性たちは彼女を布で包む前に、体に薔薇水とハッカ油を撒きました。素敵な香りが、あたりの人々の心を軽くしました。白い布に覆われたシャヒダは、実際とても美しく見えました。

そのとき、三男坊が突然「マー、マー」と母を呼びながら泣き出したのです。やっとのことで理解できたのでしょうか。母が彼を残していなくなってしまうことが……。その様子を見て、私も我慢ができなくなりました。涙がぼろぼろと流れてきました。

母親が亡くなったあと、下の二人の兄弟は孤児院に預けら

シャヒダと息子（三男）

れました。しかし、兄弟が別れて暮らすことに耐えられなかった長兄が、ある日、二人を家に連れ戻してしまいました。私が様子を見に行くと、長男は仕事に出ていました。次男が料理係をし、三男坊が水を汲むなどのお手伝いをしていました。次男が作った料理を三人で一緒に食べるのでした。

その後、コラロヤという地域の子供のいない紳士が、彼らを養子にして連れて行ったと耳にしました。長男は結婚し、次男は車関連の仕事をしているということでした。

ある日、その次男の乗っていた車が事故に遭い、重傷を負ってしまいました。長男にとっても、空が落ちてくるようなショックな出来事でした。事故のせいで、次男の両足は動かなくなってしまいました。どうにか治療費を工面しなければなりません。でも、そんなお金がどこにあるというのでしょう。親族や近所の人々がとても心配して支援してくれたお金では、高額な手術代を賄うことができませんでした。そんなお金を持っている人は村にはいないのです。治療を受けられないまま、次男はこの世を後にしました。

独立戦争を語ったフルスラット

山形ダッカ友好病院に入院したフルスラットは、頭の皮膚癌の切除手術を受けて元気を取り戻し、村に帰ってきました。ダッカでの治療を手配してくれたアジア砒素ネットワークに、彼女はとても感謝しています。「私に新しい命をくれた」と言っていました。フルスラットが回復するのを見て、村人はアジア砒素ネットワークのことをいっそう信頼するようになったのです。

私が退院した彼女を訪ねたとき、彼女は家の前の池のふちに座っていました。過ぎ去った日々のことを思い出そうとしているようです。私が近づくと、彼女は私を強く抱きしめて言いました。

「ああ、モンジュ。私は新しい人生を手に入れたよ。お前にも神の恵みがありますように」

「今はお恵みを祈るときではないわ。さあ、あなたの話をしてちょうだい。昔の、本当にあった出来事を話して」と、私は言いました。

「本当に聞きたいのかい？」。フルスラットが確かめます。

「もちろん！」と私は答えました。年配の人の話を聞くのが私は大好きなのです。

「誰のことを話そうか。ジョミダールのことか、それともパキスタン兵のことか」

彼女は何を話そうか迷っています。

「まずパキスタン兵の話を聞きたいわ。ジョミダールの話は別の日に」と、私は答えました。

フルスラットは、ある本当にあった出来事を話し始めました。「その日はシャムタの村人にとって恐怖の日だったよ」と。そして、その日を思い出して泣き出してしまいました。

「パキスタン軍が村人をじわりじわりと殺し始めたんだ。砒素が村人の命を奪っていくのと同じように。それからどうなったか知っているかい？　バングラデシュの若者たちが立ち上がり、パキスタン兵をやっつけたのさ。あんなに勇敢なバングラデシュの若者だったら、この不治の病から村人を救うこともできるかねえ」

「もちろん、バングラデシュの若者たちがこの病を打ち負かしてくれるわ。だから、シャムタの若者たちも自分から進んで外国人と一緒に働いているじゃない。いつか、この不治の病からシャムタの村人を救い出すことができるようになるわ。ねえ、だからその恐怖の日についてもっと話してちょうだい」と、私はフルスラットを促しました。彼女は続けます。

「明け方の五時頃で、まだあたりは真っ暗だった。突然、村を歩き回るたくさんの足音が聞こえてきたんだ。何が起こっているのか、全く分からなかったよ。すると、村警察が家々を回り、こう告げたのさ。『嫁と娘たちは十分に注意しなさい。今日またパキスタン兵が村にやってくるぞ』。

パキスタン兵が村にやってくるのは、器量のいい娘や嫁を連れて行くためだ。そのとき何人かの娘たちが私の家にやってきた。私の家は村の端にあったから、より安全だと思ったんだろう。娘たちを迎え入れて家の扉を施錠すると、私は斧を手に持って家の前に座った。パキスタン兵がやってきて娘たちを見つけたら、やつらを斧で叩き切ってやるつもりだったのさ。私はアッラーに祈ったよ。どうか私の命に代えてでも娘たちをお守りください、と」

私は彼女の勇気に感銘を受けました。彼女は話を続けます。

「少し離れたところに立っていたフリーダム・ファイター（バングラデシュ独立戦士）が、私に合図を送るのが見えた。もし何か起こったら彼らに知らせるようにと。近所の住人もあたりを見張っていた。みなの心は一つだったよ。自分の命は惜しくない、でも花のように美しい娘たちの命を失うわけにはいかない、と。

そのとき一人のパキスタン兵が私の家の庭に入ってきた。村人の中には、パキスタン兵を支援する者もいたんだよ。もしそんな裏切り者がいなかったら、フリーダム・ファイターたちがあっという間にパキスタン兵を全滅させたに違いないからね。

その兵隊が私の家の軒先に上がったとき、突然、一匹の太った雄鶏が、やつの前に飛び出していった。するとやつは『なんてうまそうな鶏だ！』と叫んで、雄鶏を追いかけ始めた。私はアッラーに感謝したよ。兵は雄鶏を仕留めると、やつらの言葉で私に『すぐにこの鶏をさばけ』と言うのさ。私は言われた通り、すぐに鶏の羽をむしりさばいてやると、それを持って、やつは立ち去ったよ。駐屯所に持ち帰るんだろう。立ち去るときにこんなことを言ったよ。『この村には娘や嫁たちがいないな。じいさんとばあさんばっかりだ。ベンガル人ってのは抜け目のないやつらだ』と。

エクラスル・ラーマン医師に皮膚癌の手術をしてもらったフルスラット

パキスタン兵が去ると、娘たちは自分たちの家に帰って行った。夕方になってこんな噂を聞いたよ。パキスタン兵はテングラ村から娘や嫁たちを連れ去り、ジャムトラにある学校に監禁した、と。テングラ村のフリーダム・ファイターたちが娘たちを救おうと悪戦苦闘したけど、失敗に終わり、ただ涙を流すばかりだったという。翌日耳にした噂によると、パキスタン兵は村中の娘たちを連行してしまったらしい。娘たちと一緒に連れ去られた一人の年配の女性は、拷問を受けて死んだそうだ。

人間が人間に対してこんな惨い仕打ちができるとは！　シャムタの村人はあとどれだけの拷問に耐えればいいのか。ジョミダールの恐喝、パキスタン兵の凌辱、そして死に至る病の脅威。ああ、もうたくさんだ！」

フルスラットは涙を流しています。私は彼女を慰め、話の礼を言って、その日は家に帰りました。

彼女の体調は良い日もあれば悪い日もあり、はっきりとしないまま月日が流れました。そして再び容態が悪化したと聞き、私は彼女の家を訪れました。

「おばあちゃん」と、私は彼女に話しかけました。彼女は左半身を動かすことができず、天井から吊るされたロープで上半身を支えて座っていました。言葉を話すこともできません。そんな彼女の姿を目にし、私は泣き崩れてしまいました。彼女から、もっとたくさんの話を聞きたいと思っていたのです。独立戦争の話を聞くことは、もうできないのでしょうか。

それから毎週金曜日にフルスラットを訪ねました。いつかまた昔の話を聞くことができるだろうと期待していたのです。しかし、彼女は一向に回復しません。私は無力な自分に苛立ちました。どうしたら、再び彼女のお話を聞けるのでしょう。

フルスラットの訃報が届いたのは二〇〇七年二月四日のことでした。享年およそ七十五。高齢による衰弱と皮膚癌が死因でした。

父の親友ロムジャンおじさん

ロムジャンおじさんは二〇〇八年の三月十一日に、砒素中毒による呼吸器障害で亡くなりました。年齢はおそらく六十六歳でした。

彼には四人の娘と一人の息子、そして妻が一人いました。ところが、心が落ち着く暇がありません。恐ろしい病が彼の幸せを奪おうと手招いていました。医者やコビラージに診てもらいましたが、少しも良くなりません。妻と三女も病気で、日に日に悪化していました。

ロムジャンおじさんは働き詰めの人生でしたが、もうその仕事もできません。一家の生活は次第に困窮するようになりました。娘たちは結婚して家を出て行き、今では彼と妻、そして息子の三人が、土地を担保に入れて借金をし、どうにか暮らしていました。

仕事ができなくなってから、ロムジャンおじさんはより頻繁に私の父に会いに来るようになりました。ある日、二人が話しているのを耳にしました。「砒素の毒っていったい何だ?」と、ロムジャンおじさんが父に問いかけます。父はこう答えました。

「この歳になるまで、そんな名前は聞いたこともない。村で流行る病といったら、以前はコレラや腸チフス、赤痢や下痢なんかだった。その頃は村に医者もいなかった。多くの村人が死んだもんだよ。病の七人姉妹がやってきて、病気のもとを振りまいているんだって皆が言っていた。やつらが村に入って来れないようにミラード(祈禱)をしたものだ。ところが今度は、井戸の水を飲むだけで病気になるらしい。しかも不治の病だという。ジョミダールの拷問とパキスタン兵の拷問に耐えたのに、今度は砒素だとよ。いったいどうしたら砒素から逃れられるんだ」

「一九七一年の戦争で、この国が独立した。パキスタン兵と戦って、自由を手に入れた。さあ、砒素とはどうやって闘うんだ。池や川の水を飲んでいた頃には、いろんな病気にかかって村人が死んだものだ。だから政府は村人に井戸の水を飲ませようと方針を変えた。それで村人たちは池や川の水を飲むのをやめて、井戸の水を飲むようになったんだ。そうしたら今度は別の病気が現れた」

父とロムジャンおじさんの目には涙が溜まっていました。そうやって二人は毎日一緒に座り、日々の辛さを分かち合ったのです。父が亡くなると、おじさんはあまりの悲しさに泣き崩れてしまいました。心を分かち合う友達がいなくなってしまったのです。時々私たちの庭にやってきては、一人で黙って座っていました。

ある日、私が様子を見に行くと、おじさんは池のほとりに一人で座っていました。私が呼びかけると、嬉しそうに振り返って、「こっちに来て座りなさい」と言います。私は彼の隣に座り、こう切り出しました。「ねえ、おじさん、何か本当にあった出来事を話して。私が知らない話を」。

彼は私の父から聞いたという、パキスタン兵にまつわる話をしてくれました。

「砒素の病は、わしらの体を少しずつ蝕んでいく。あの頃、村の一部の人間がパキスタン兵に協力して、九か月もの間、村人たちをじりじりと苦しめていたように。

ある日、お前の父さんはジャムトラの大通り沿いの畑を耕していた。そばには一人のフリーダム・ファイターが、頭にトカ（笠）をかぶったまま、メホガニーの木の下に座っていたそうだ。突然、村人の一人がお前の父さんのところにやってきて、『おやじさん、畑仕事をやめるんだ』と言った。『どうしてだ？』とお前の父さんは聞き返した。すると『理由はどうだっていいだろう。とにかくやめるんだ』と言う。お前の父さんは言った。『お前もこの村の子供だろう。その態度はいったいなんだ。収穫がなければ、どうやって家族を養えるというのだ』と。

相手の男はかっとなって『これは命令だ。畑仕事をやめるんだ』と怒鳴った。『この銃には弾が込められている。従わないと痛い目にあうぞ』。お前の父さんは何も言わずに畑を出て行った。そばにいたフリーダム・ファイターは一部始終を見ていたのに、何も言わなかった。

ジャムトラにパキスタン兵が集まってミスティ（菓子）を食べていたからだ。

家に戻ってきたお前の父さんは、わしに向かって言った。『収穫がなかったら、どうやって家族を食べさせられるんだ』と。すると、外で銃の音がした。同時に人々が走り回る音も聞こえた。わしは急いで逃げようとお前の父さんに言ったのだが、お前の父さんは聞かなかった。『家を捨てて逃げるものか。子供たちにこう言うさ。〝お前たち、ラジャカル（裏切りもの）を一人残らず殺すまでは死ぬんじゃないぞ〟』」。

私は父の勇姿を思って心が熱くなりました。ロムジャンおじさんも涙を流しながら話を続けます。

「お前の父さんは家に残ると決心した。そして戦争が終わり、国が独立した。わしらは歓喜したよ。独立したのちも、お前の父さんは畑で会ったあの男のことを憎んでいた。ある日、男の家に怒鳴り込んで、こう言った。『俺はこれから畑に行く。お前も一緒に来い。お前に何が大切か教えてやる』。

国が独立した後、あのフリーダム・ファイターの若者が訪ねてきて、お前の父さんにこう頼んだ。『おじさん、あの男の家に連れて行ってください。あなたに畑仕事を禁止したあの男のことです。仕返しがしたいんです』。

それを聞いて、お前の父さんはこう言った。『いいや、もう人の血が流れるのはたくさんだ。俺は平和と自由が欲しい。あいつの裁きはアッラーが行うだろう。お前たちが勝ち取った独立だ。よくやったな。お前たちは誇り高い母親たちの息子たちだ。お前たちは俺たちの国の誇りだよ。あいつはいつか、自分の行いのせいで人から顔に唾を掛けられるだろう』」

実は、この話は父から聞いて知っていました。学校で友達にも話したものです。私たちは村であの裏切り者の男を見かけると、「俺の銃には弾が込められている」と口々にはやし立てたものでした。村の子供たちもみな、男を見ると同じように冗談を言いました。男はかっとなって子供たちをしかりつけるのですが、そんな男の様子に子供たちはむしろはしゃいで喜んだのでした。男は気軽に道を歩くこともできませんでした。

ある日、男が文句を言いに私たちの家にやってきました。「おやじさん、あんたの娘が子供たちにいろいろと吹き込んでいるようだな。村の子供たちは俺を見るとみな同じことを言う」と言います。

父は男に言い返しました。

「お前はそのことを覚えてすらいないのか。自分でやったことの報いさ。自業自得だよ」

男は、うつむいて黙ったまま出て行きました。

ロムジャンおじさんから聞いたのですが、その男は気がおかしくなり死んでしまったそうです。それでも、私はその男が憎らしくて仕方ありませんでした。

ジョソールに戻ってきた後、おじさんの体調が悪化したと聞きました。私は果物を持ってお見舞いに行きました。私の持って行った果物を見て、彼は言いました。

「果物はいらん。病が治る薬をくれ。お前たちと一緒に生きていたいんだ」

ある日の夕方、ロムジャンおじさんが亡くなったという電話がありました。私は村に行き、彼に最期の別れを告げました。

悪運と貧困のレヌ

砒素中毒と闘いぬいた勇気ある娘の話をしましょう。彼女の名前はレヌ。

砒素中毒という名の恐ろしい病が、彼女から笑顔と喜びを奪い取りましたが、彼女は長く辛抱強い闘いの末、病を打ち負かし、一度は飛び立った幸せの鳥が彼女の籠に戻ってきたのです。彼女はジョシム・ウッディンの詩に描かれた、貧しくも誇り高い村の女アスマニのようでした。

両親と兄弟を謎の不治の病で亡くし、姉と妹がインドに行ってしまったとき、レヌはほんの十二、三歳でした。レヌがインドへ行くことをあまりにも嫌がるので、姉は仕方なく彼女を一人残し、末の妹を連れて旅立ったのです。

レヌは父親が残した小さな家に一人で住み、年の離れたいとこの家で家事手伝いとして働きました。家の仕事をする代わりに、三度の食事にありつくことができました。レヌの父親が残した畑をこのいとこが相続し、レヌにはその見返りとして衣服が与えられました。三度の食事は十分ではなく、小さなレヌはさらに痩せ細ってしまい、村人たちはその姿を憐れみました。

空腹に我慢ができなくなると、レヌは私の家の庭のジャンブラ（ザボン）の実を食べに来ました。村の子供たちは勝手にジャンブラをもぎ取って食べていたのですが、レヌは必ず私たちの許可を得てから実に手を伸ばしました。レヌが庭にポツンと立っていると、ジャンブラを食べに来たことが一目で分かりました。髪はぼさぼさで、服は破れ、体は砂埃にまみれています。そして、なんとも悲しい顔をしているのです。そんなレヌを見て、私たちは本当に不憫に思いました。彼女を見るたびに心が痛んだものです。私がジャンブラをもぎ取りレヌに渡してやると、とても嬉しそうに笑い、家に帰って行きました。

村の子供たちが外で遊んでいる間、レヌはいとこの家でお皿や服を洗ったり、掃除をしたりと忙しく働いていました。きちんと仕事をしないとご飯にありつけません。彼女には遊ぶ暇など少しもなかったのです。苦難に続く苦難が彼女を襲い、そしてついに謎の不治の病さえもがその全身を蝕み始めたのです。

いとこの家での家事手伝いの仕事をやめると、自分の家に戻り、自生している里芋の葉や蔓などの青菜を採って、小さなかまどで自炊しました。ユニオン議会が植えた街路樹の世話をすることで毎日十五タカをもらい、それで生計を立てましたが、レヌはいつもさえない顔色をしていました。成長するにつれて、彼女の体調は日に日に悪化していきました。いつも不機嫌な表情で座り込んでいます。その様子を見て、近所の人々やいとこたちは、どうしたものかと思い悩みました。そして、ある良い方法を思いつきました。村の別の孤児の男の子と結婚させようとしたのです。レヌは反対せず、二人は一緒になりました。

結婚すると、レヌは夫と幸せな家庭を築きました。一人で住んでいたぼろぼろの家を壊し、新しい家を建てました。夫婦で家をきれいに飾り付け、家のまわりにいろいろな種類の木を植えました。すると、庭の木に巣をつくったドエル鳥のつがいが卵を産み、小さなひな鳥が孵化しました。ドエル鳥の家族を見て、レヌは母親になりたいと強く思うようになりました。

月日が経ち、彼女は望み通り妊娠しました。臨月を迎え陣痛に苦しみ、体力がすっかり落ちてしまったため、ジョソールのアッディン病院に入院しました。しかし、子供は死産で生まれ、母親になるという夢は打ち砕かれてしまいました。意気消沈したレヌは何も食べることができず、体調はさらに悪化しています。夫の収入もごくわずかで、彼女に十分に食べさせてやることもできません。悪運と貧困に打ちのめされ、夫婦の生活は傾き始めました。

アジア砒素ネットワークの中村純子さんの知り合いが、レヌの不運に心を痛め、彼女に牛を一頭買い与えました。日本の友人たちは一年分の干し草が買えるだけのお金も一緒に渡しました。牛を手に入れたレヌはとても喜び、牛を自分の子供のようにかわいがりました。自分の手で牛に草を食べさせ、体を優しく洗ってやりました。

合併症持って出産へ

レヌは再び妊娠しました。夫は彼女に家事を一切させないようにし、ただ休むようにと言いました。夫は毎朝早朝に起き、家の仕事を済ませてご飯を作り、それから畑仕事に出かけました。畑仕事を終え家に帰ってくると、休まずに家事に取り掛かりました。

新しい命を身ごもったせいで、レヌの心はとても高揚していました。しかし容態は非常に悪く、気管支炎にもかかっており、時折、咳と一緒に血を吐くほどでした。レヌはとても不安でした。こんな状態で子供を産むことができるでしょうか。自宅での出産はとても危険です。しかし、病院で産むためのお金もありません。ある日、レヌは私に電話でこう告げました。

「モンジュ・アパ、私怖いわ。どうしていいのか分からない」

私はレヌに、心配しないで出産の日が近づくまで落ち着いて待つようにと言いました。そうは言ったものの、私は心の中では彼女に腹を立てていました。死にそうなほど弱っているのに、それでも子供を産もうとしているのです。どうしてそんな状態で子供を作ろうとしたの、と私は一人、溜息をつきました。

村ではある迷信が信じられていました。旅に出る前に子供のいない女性に会うと、旅先で良くないことがある、というものです。これは子供のいない男性に対しても言われることです。実際に私も村人がこのことを言い合うのを聞いたことがあります。私自身もこの迷信を信じていました。それに、もし子供がいないまま死んでしまうと、この世にはもう自分を覚えていてくれる人はいません。私が死んでも誰かが私のことを思ってくれるように、私は子供を産みました。レヌも同じ気持ちなのでしょう。

レヌの容態は悪化の一途をたどります。アクタール先生に相談すると、先生は産婦人科の医師に診察してもらうための手配をしてくれました。二〇一一年七月にジョソール市に出てきたレヌは、その日のうちに産婦人科医を訪ねる時間がなかったので、私の家に泊まりました。私は彼女の姿を見て、ますます不安になりました。体が血にまみれています。レヌが言うには、咳をするたびに血を吐いてしまうとのことでした。

翌日、ラブスキャン病院のサレハ医師がレヌを診察し、入院するように勧めました。サレハ先生によると、レヌの容態は非常に悪く、できるだけ早く治療を開始しなくてはならないそうです。そのためには入院しなくてはならないと言います。私はどうしてよいのか分かりませんでした。治療には非常に多くのお金が必要になります。

私は川原さんに相談しました。川原さんはアジア砒素ネットワークの日本の本部に連絡し、治療費を工面しました。そしてレヌの治療が始まりました。

ラマダン（断食）月が始まっていました。私と川原さんは、毎日仕事が終わるとイフタリ（日没時、断食を終えて口にする食事）を済ませてから病院を訪ねました。川原さんは若い頃、新聞記者だったと聞いています。そのせいか、彼は毎日レヌの写真を撮り、彼女の容態や治療の進捗をブログに掲載していました。そのブログを読んだ日本の人々がお金を送ってくれることもありました。

毎日断食をしていたので、私はとても疲れていました。オフィスから帰るとイフタリの準備をし、それから夕食も作らなくてはなりません。それが終わると一日の最後のお祈りをし、それからやっと少し休憩することができました。そして、断食前の食事のために朝三時半には起きなくてはなりません。朝食が終わってもベッドに戻らず、一日の最初のお祈りを済ませてからオフィスに出かける準備をしました。

レヌのいとこが時折、真夜中に電話をしてきて、私を脅していました。もしレヌに万一のことがあったら、私と川原さんを訴えるというのです。好きなようにすればいい、私はため息をつきながらそう答えました。いとこと電話で話しながら、私の心は痛みました。私たちはレヌを救うために一生懸命がんばっているのです。川原さんに至っては、

入院したレヌ(右)と著者

バングラデシュの砒素中毒患者のために人生を捧げています。レヌの親戚はむしろ感謝してもいいはずなのに、真夜中に脅迫電話をよこし、私を苦しめるのはなぜなのでしょう。

そんなことがあったので、川原さんが私に病院に行こうと誘ったとき、つい声を荒げてしまいました。「レヌのために牢屋に入るのはごめんだわ！」と。川原さんは私をなだめ、どうにか気を取り直すよう説得しました。

レヌは臨月に差し掛かりました。医師の説明によると、帝王切開で出産をしなければならないそうです。しかし、ラブスキャン病院には近代的な手術設備がありません。医師たちはレヌをダッカに連れて行くように言います。レヌは高血圧にも苦しんでいました。サレハ医師は、これほど複雑な合併症を持った妊婦をそれまでに診たことがありませんでした。

レヌは貧血にも苦しんでいました。輸血が必要になったとき、彼女の親戚はみな献血を拒みました。やっとのことで、ある店主がレヌのために自分の血を提供し、どうにか彼女は助かりました。

ある日、レヌの容態が急変しました。私は彼女の姿を見て途方に暮れてしまいました。もう助からないのではないかと思いました。その晩も、レヌのいとこが私に電話をし、でたらめなことを言って脅迫してきました。レヌに何かあったら、お前たちは牢屋行きだ、と。

「牢屋に行くのなんか怖くないわ。むしろ好都合よ。仕事をしないでも毎日ただでご飯にありつけるわ」と、私は強気になって言い返しました。

川原さんに電話の内容を報告すると、「彼らは私たちがレヌのためにしていることが分からないから、ひどいことを言ってくるのだよ。分かってくれればもう嫌がらせはしてこないよ」と言いました。

レヌは動く力も失ってしまいました。こんな状態でどうやって子供が産めるというのでしょう。私は不安でたまりませんでした。

幸せの絶頂にいたレヌ

産婦人科医のサレハ医師は、小児科医と麻酔科医と外科医に立ち会いを求めて、レヌの帝王切開の手術を行いました。レヌは男の子を産みました。生まれてきた赤ちゃんはたった一六〇〇グラムしかありません。手術後に意識を取り戻したとき、私たちのことを認識できないほどレヌは憔悴していました。力ない彼女は自分の子を抱いてやることもできません。

レヌの容態は回復するどころか、日に日に悪化していきました。じっと待つ以外方法がありません。一週間ほど経ち病院に様子を見に行くと、なんということでしょう、レヌが赤ちゃんに母乳を与えていました。その顔には満足げな表情が浮かんでいます。見ているだけで、母親になった喜びが伝わってきます。レヌは私に言いました。

「母鶏は鷹を見ると自分の羽の中に子鶏を隠すでしょう。私もそんなふうに息子を守ってあげたい。私の命に代えても守り抜くわ。やっと手に入れた宝物だもの」

レヌの心は蝶のように軽やかに羽ばたいています。彼女は幸せの絶頂にいました。私は彼女と赤ちゃんを心から祝福しました。

入院中にレヌは再び輸血が必要となりました。血の提供者を探していると、ポレシュという名の青年がためらうことなく献血に応じてくれました。レヌは少しずつ回復し、シャムタに戻るための準備を始めました。病院では十分な食事をとっておらず、したがって、息子にも十分な母乳をあげることができないでいました。そのことを相談すると、医師たちはレヌの退院を許可しました。

レヌが退院する日、川原さんと私はアジア砒素ネットワークの車で、レヌと息子をシャムタまで送り届けました。川原さんはどうしてここまで彼女に親切になれるのでしょう。自分の生活すべてを砒素中毒患者のために捧げているようです。私は川原さんの尽きることのない慈悲心に圧倒されてしまいます。患者の笑顔を見ることが、川原さんの喜びでした。そして、患者の苦しむ姿を見ると、共に涙を流すのでした。川原さんはレヌと定期的に連絡が取れるよう、彼女に携帯電話を買い与えました。

レヌをシャムタの家まで送り届けると、たくさんの人が彼女と息子を一目見るために集まっていました。

「まさかレヌが子供を連れて帰ってくるとは、考えもしなかった。レヌの容態が良くないことをいつも聞いていたから、もう助からないと思っていたよ」

レヌが息子を連れて帰ってきたのを見て、みな本当に驚いているようすです。そして、みなが二人を祝福しています。村人たちはレヌを救ってくれた日本人にも感謝しています。

レヌは近所の人々に再会し、安心したのでしょう。みなに向かって言いました。

「私は死の世界の入り口を見て帰ってきました。日本の人たちが私に新しい人生を授けてくれたのです。どうか彼らにアッラーのご加護がありますように」

そして私に向かってこう言いました。

父親に抱かれたレジュワンとレヌ(左)

「モンジュ、誰かがあなたに何かを言ってもどうか気にしないでね。私が生きているということは、あなたにとっても良いことでしょう。どうか息子を祝福してちょうだい」

近所の人々がレヌの息子を抱き上げてかわいがっています。村中の人たちにこれほど祝福される子供は見たことがありません。あのレヌの子だからこそなのでしょう。レヌの子供の名前は私が付けました。「レジュワン」です。コーランに登場する「天国の守り人」のことです。

サトイモの葉の水滴のように

幸せの絶頂にあったレヌの運命は、あるときを境に暗転しました。まるでサトイモの葉に溜まる水滴のように、あっという間にすべり落ちてしまったのです。

川原さんが、果敢に病と闘うレヌの姿をサッカーの女子ワールドカップで優勝した「なでしこジャパン」にたとえて、バングラデシュで咲いたナデシコの鉢をレヌに贈ったことがありました。そんな気丈なレヌが、私たちを置いてこの世を後にしてしまうなど、誰が想像できたでしょう。死ぬ直前、レヌは息子のレジュワンを私に抱かせて言いました。

「モンジュ、どうかこの子をよろしく頼むわ。川原さんにも伝えてほしいの。私が犯した過ちのせいでこの子が苦労をしないように。もしアッラーが私をあと五年、生かしてくれるなら、この子にも私のことが理解できたでしょうに」

実は私はレヌの犯した「過ち」に内心、腹を立てていました。レヌの状態がここまで悪化したのは、その過ちのせいだからです。二〇一四年、レジュワンが三歳になった頃、レヌは新たな子を宿したのです。妊娠を期に、彼女の容態は再び悪化していきました。

レジュワンが生まれたあと、医者はレヌに、もう妊娠はしないようにと忠告していました。これ以上の身体への負担は命の危険に関わるからです。その忠告を思い出したレヌは、村医者のところで子供をおろすことも考えました。しかし、弱りきった彼女の姿を見て、処置に同意する村医者はいませんでした。忠告を守れなかった後ろめたさがあり、レヌは私に妊娠のことを告げられずにいました。私は人づてにそれを知り、開いた口がふさがりませんでした。今になって妊娠するなど自殺行為だからです。

その頃にはジョソールに砒素センターが設立され、ここで毎月、砒素中毒患者の診察が行われていました。レヌが訪れて診察を受けると、アクタール先生は彼女の状態を見て、処方箋を書くことすら諦めました。もう施す手がないというのです。レヌは不安を隠しきれない様子で砒素センターを後にしました。

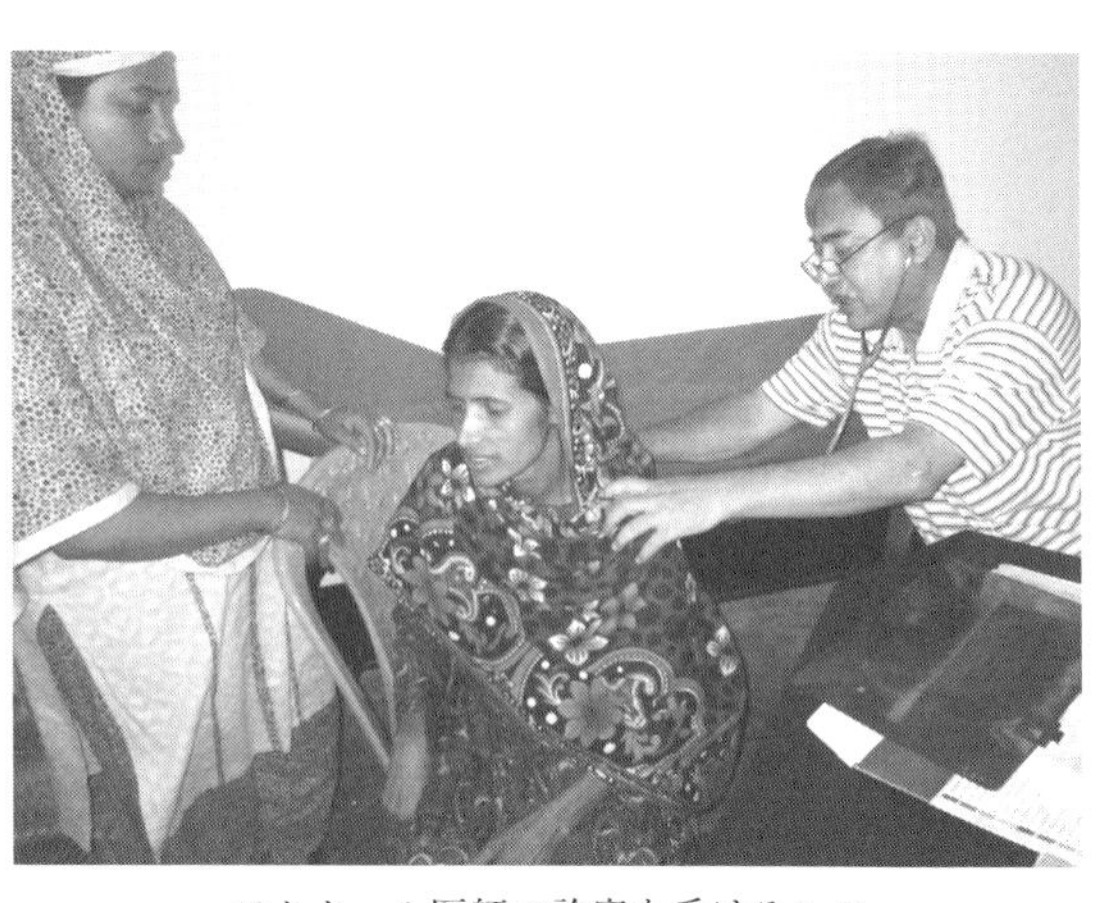
アクタール医師の診察を受けるレヌ

十月に入って、私はレヌの容態がひどく悪いという知らせを受け、彼女に会いに行きました。横になっていたレヌは、私を見ると起き上がろうとしました。しかし、身体を起こす力すら残っていませんでした。彼女は私に何も言えないでいました。私は自分の中のいらだちを抑え、彼女に言いました。アッラーに任せて出産の日を待ちましょう、と。

十一月になりました。人伝えでは、レヌはもう寝たきりになっているとのことでした。そして十一月十二日、突然レヌの姉夫婦といとこがレジュワンと共に砒素センターにやってきて、レヌが危険な状態だと告げました。私たちは彼女をアッディン病院に連れて行くことにしました。

私はレジュワンの手をとり、病院に入って行きました。レヌには姉が付き添っています。突然、レジュワンが走り出し、私のもとを離れました。すると、すぐにレヌが大声を張り上げ、「アッラー、息子はどこ！」と叫びました。まわりにいた人たちはみな驚き、私もあまりの大声に一瞬ひやりとしてしまいました。叫び声を聞いたレジュワンはすぐに戻って来て私の手をとりました。

「そんな大声を出したら、心臓発作で死んでしまうわよ。あなたが死んだら誰がレジュワンの面倒を見るの」と、私はレヌに注意しました。レヌにはもう返事をする気力も残っていません。息子のことになると、どこからともなく不思議な力が湧いてくるのでしょう。母親の愛とはそういうものです。

私たちはどうにか彼女を診察室に連れて行きました。医者は彼女のぐったりした様子を見て、すぐに診察してくれました。お腹の赤ちゃんはとても元気でしたが、肝心の母体の状態は良くありません。治療が必要だというので、私たちはレヌを入院させることにしました。

私には一抹の不安がありました。この病院で十分な治療を受けられるでしょうか。ラブスキャン病院の方が良い設備があります。でも、アジア砒素ネットワークの事務所からは予算がないと散々言われていました。川原さんは日本にいて、すぐに相談できる状態ではありません。明日の朝、事務所から川原さんにEメールを送ろう、それからどうするか決めればいい、そう思いました。とにかく明日までがんばりなさい、それからまた考えましょう、とレヌに言い、私は病院を後にしました。

明け方の四時二十分頃、家で眠っていた私の携帯電話が鳴りました。嫌な予感がして飛び起きました。電話をかけてきたのはレヌの姉でした。レヌが息を引き取ったと言います。ああ、アッラー、なんということ。私は途方に暮れたまま明るくなるのを待ち、朝六時になって病院に向かいました。

レヌは顔までシーツで覆われていて、顔のそばにレジュワンが寄り添っていました。私が近寄ると、レジュワンはシーツをめくり、レヌの顔を見せながら、「お母ちゃん、寝てるよ。起こしちゃだめだよ」と言いました。レジュワンはまだ三歳です。母の死を理解できないのでしょう。不憫な姿に涙が溢れてきました。まわりの看護師たちが言うには、レジュワンは他の誰にも母の顔を見せようとしなかったそうです。私が来て、やっとシーツをめくって見せたのだということでした。

いったいその夜に何が起こったのでしょう。レヌの姉が言うには、真夜中の三時頃、レヌが何かを食べたいと言うので、食事を与えたそうです。食べ終わるとレヌは再びベッドに横になりました。その少し後、一緒に寝ていたレジュワンがベッドから滑り落ちたので、レヌの姉がレジュワンを拾い上げました。すると、レヌが体を動かしたように思えたので、姉がはっとしてレヌに目をやったそのときに、レヌは息を引き取りました。レジュワンが滑り落ちたショックで死んでしまったのではないかと、まわりにいた人は思ったそうです。夜に看護師が薬を飲ませたときには、何の問題もなかったと言います。私たちは病院から死亡証明書を受け取り、レヌを連れてシャムタに戻りました。

シャムタに到着すると、レヌの家の回りに人だかりができていました。一目彼女の姿を拝むために、親戚や近所の人たちが集まっていたのでした。レヌを家の軒先に横たえると、みなが列を作って彼女の顔を覗き込みました。レジュワンは母親の顔のそばにしゃがんで座っています。最期の沐浴はまだしないのかと聞くと、保険会社の人がレヌの死を確認するためにやってくるのを待っているとのことです。保険会社の人が来て手続きが終わると、すぐさま村の女性たちがレヌに沐浴を施し、白い布で遺体を包むと、棺に横たえました。

棺が墓地に向かって運ばれていくと、レジュワンが聞きました。

「お母ちゃん、どこへ行くの？」

「ジョソールよ。ジョソールの病院に行くの」と、レヌの姉が答えました。

棺が運ばれてしまうと、親戚や近所の人々はレヌの家を後にしました。私もレヌの家族に挨拶をし、家路につきました。

レジュワンは時々母親を恋しがって泣いていました。レヌの夫が再婚すればレジュワンに新しいお母さんができるのにと、まわりの人たちは考えていました。レヌの死から四十一日目にミラードが催されました。ミラードには、レヌの遠い親戚も参加しました。その家には三人の娘がおり、レヌの叔父と姉の夫が、娘のうちの誰かがレヌの夫と結婚してはくれないかとお願いをしました。娘たちの父親は同意し、その日のうちに結婚が決まり、レヌの夫は新しい妻とレジュワンと暮らし始めました。

レジュワンが母親はどこかと尋ねると、父親は、「これがお前のお母さんだよ。ジョソールから戻ってきたのさ」と答えました。「お母ちゃん、もうどこにも行かないでね」と、幼いレジュワンは新しい母親に言いました。

私がレジュワンの様子を見に家を訪れると、レジュワンはまわりの子供たちに私のことを

「友達」だと紹介しました。いったい誰がそんなことを教えたのでしょう。お母さんはどこかと尋ねると、家にいるよと答えました。「ちゃんと勉強するのよ。レヌの夢を叶えるのよ」と言うと、首を縦に振って頷きました。

レヌには、レジュワンを医者にしたいという夢がありました。高等学校を卒業したら大学の医学部に通わせたい、彼女はそう思っていました。私が「医学部に通うのにはものすごくお金がかかるわよ、お金はどうするの？」と聞くと、彼女は目を輝かせて夢を語ってくれました。

「川原さんは私のことを娘のように思ってくれている。あなたからも川原さんに援助してくれるようにお願いして。レジュワンをアクタール先生のような立派なお医者様にしたいの。アクタール先生が引退したら、レジュワンが砒素センターの医師になるのよ。砒素中毒患者や貧しい村人のために治療をするの。

そして、レジュワンは結婚して子供にも恵まれるでしょう。私がお祖母ちゃんになったら、孫たちと遊んであげるわ。これまでは不幸続きだったけれど、これからはレジュワンが幸せな家庭を築いてくれるはず」

レヌの夢が叶う日が来るかもしれない。レジュワンが砒素センターの医者になる日が……。そんな将来を想像しては私もわくわくとしたものです。しかし、彼女は自分の夢の続きを見ることなく、二〇一四年にこの世を去ってしまいました。

彼女は病床でよく言ったものです。「レジュワンが大きくなるまで私は生きられるかしら」

と。「レジュワンが生まれてくれて、私は本当に幸せ。せめて、この子が一人前になるまで生きていたい」。結局、彼女はまだ小さなレジュワンを残して遠い世界に行ってしまいました。

レヌの夢が本当に叶うかどうか、今は誰にも分かりません。母を亡くしたレジュワンがどうか立派に育ちますように。アッラー、どうかレヌの夢を叶えてください。

第七章　希望と絶望のはざまで

父親になったレザウル

すでにレザウルのことはお話ししましたね。国立予防社会医学研究所の医師たちが、杖なしでは歩けなかったレザウルを重度の砒素中毒だと診断し、シャシャ郡病院に入院させました。村人たちは、元気になって戻ってきた彼の姿に驚きました。

しかし、退院して戻ってきても、レザウルには収入のあてがありませんでした。それでも彼は家族を養わなくてはなりません。以前は物乞いをして家族の食べ物を集めていましたが、彼は物乞いがまともな仕事ではないことに気づき、何か別の仕事はないかと考え始めました。するとナズムル医師が、彼にバン・ガリ（自転車でひく荷車）を買い与えました。彼は大喜びです。バン・ガリがあれば、人や荷物を乗せて運ぶ仕事を始めることができるからです。

レザウルのバン・ガリの最初の乗客になったのは数人の日本人でした。最初の乗車賃を受け

バン・ガリを手に入れて喜ぶレザウル（1999年1月）

取ると、彼は嬉しさのあまり泣き出してしまいました。そして、心の中で誓いました。もう物乞いはしない、人生を新しくやり直すんだ、と。彼の腕には力が宿り、死の淵からもがきながら這い戻り、新しい命を手に入れた喜びに高揚しています。

バン・ガリを漕いで稼いだお金で、妹二人を結婚させることもできました。レザウルには障がいをもつ弟がいて、一緒に暮らしていました。別の弟は結婚をして家を出て行きました。

レザウルには身の回りの世話をしてくれる女性はいませんでした。そこで彼も結婚しようと考え、近所の住人たちがシャムタの隣村シャットマイルに行き、嫁を見つけてきました。レザウルは連れてこられた嫁を気に入り、さっそく結婚の日取りを決めました。

結婚式の日、レザウルは新しいパンジャビ（バングラデシュの民族衣装）を着て、頭にはパゴリ（新婦の被るターバン）をかぶっていました。もし両親が生きていたら、新郎の衣裳を見てとても喜んだことでしょう。村の女性がメヘディで彼の手に模様を描きました。私はそばに立ってその様子を見ていました。お金持ちの結婚式ならば、カラフルな電飾で家を飾りつけたことでしょう。でも、ここは裕福な家ではなく、豪華な装飾はありません。レザウルの限られた収入で、ささやかな結婚式が準備されました。

レザウルはハンカチで顔を隠し、恥ずかしそうにバン・ガリに座りました。村のみなが祝福に集まってきてくれました。自分の息子を砒素中毒で失った女性たちが、結婚するレザウルを見て、涙を流しています。夫を砒素中毒で失った妻たちも、おそらく彼の姿に自分の夫を重ね

レザウルの家族（2012年３月）

ていたことでしょう。彼女たちの夫も、自分の結婚式の当日、こうして新郎の衣裳を身にまとい、妻を迎えに行ったことでしょう。この日、レザウルはバン・ガリに乗ってシャットマイル村に行き、妻を娶ってシャムタ村に帰ってくるのです。

レザウルが結婚式を終えて、嫁を連れてシャムタに帰ってくると、近所の人々が集まってきました。みな、列をなして嫁の顔を拝んでいきました。私も新婦を一目見ようと、彼の家を訪れました。隣同士に座ったレザウルと新婦は、とてもお似合いの夫婦です。新婦は恥ずかしさのせいか顔を真っ赤にしていました。私は二人の幸せをアッラーに祈りました。

レザウルは幸せな新婚生活を過ごしました。一年経つか経たないかのうちに、夫婦はかわいらしい女の子を授かりました。二人で考えて、ケヤ（花の名前）と名付けました。

ところが、しばらくして、レザウルは再び頭痛や腹痛、浮腫に悩まされるようになりました。体調が悪いときはバン・ガリを漕ぐことができません。家族はその日の暮らしにも苦労するようになりました。レザウルの困窮を知り、純子さんが一頭の牛を買い与えました。その牛を太らせて売るのです。牛を売った金で子牛を買い、残った金で家族を養うことができます。彼は牛を売ることと、バン・ガリを漕ぐことで、なんとか家族を食べさせていくことができました。

三年後、レザウルの妻は再び女の子を出産しました。長女が、生まれた妹にボイシャキと名付けました。その頃、レザウルは胸の右下に痛みを感じていました。時折、足が腫れ上がります。ひどい咳にも悩まされ、ついにジョソール県病院に入院することになりました。治療を受け、容態が若干良くなると、彼はシャムタに戻って再びバン・ガリを漕ぎ始めました。

アクタール先生が毎月、ダッカからジョソールに来て、砒素中毒患者の診察をするようになりました。先生が処方する薬で患者の病状は改善しています。しかし、レザウルは「薬など効きやしない」と文句ばかり言っています。するとアクタール先生は冗談を言って返します。

「レザウルはまず心の病気を治さないといけないいな」

今では、レザウルも携帯電話を持っています。時々アクタール先生や川原さん、幸枝さんに電話を掛けたりもします。「死にそうなんだ、もっといい薬をくれ」などと言ってくるそうです。いったい、いつまでこうした要求が続くのでしょう。

レザウルは時折、ひどく咳き込みます。それはまさに砒素中毒の症状です。医師たちがあらゆる手を施しましたが、完治させることはできませんでした。いつか将来、治療法が見つかるのでしょうか。私には分からないことです。どちらにしろ、不治の病はそう簡単に彼を諦めることはないでしょう。

愛の証アハナフ・タハミダ

私の娘に「アハナフ・タハミダ・タンミ」と名前をつけたことはお話ししました。みな娘のことを「タンミ」と呼びます。しかし、私は彼女をアハナフと呼びます。アハナフという名は、私の愛の証でもあるのです。アハナフは私にとってこの世で一番大切な存在です。しかしここでは、みなから親しまれている「タンミ」の名で呼ぶことにしましょう。

私の人生は彼女を中心に回っています。彼女なしには私の人生には意味がありません。しかし、今は仕事が忙しく、十分な時間をタンミのためにとることができません。オフィスから電話をするのを忘れると、タンミは腹を立てて言います。「私のこと忘れちゃったの?」。

タンミは、私の中で少しずつ大きくなった、血を分けた存在なのです。忘れるはずがありません。娘はまるで私の影のようにぴったりと寄り添い、離れることなど不可能です。

小さいタンミの身体の障がいに母娘で途方に暮れていたとき、対馬幸枝さんがタンミをダッカのリハビリセンターに連れて行くようにと言って、その治療費をすべて出してくれました。私はタンミを連れて十五日間、リハビリセンターに滞在しました。そこの医師たちは、タンミにどのようなセラピーを受けさせるべきなのか私に教えてくれました。

私はダッカから村に戻っても、毎日朝晩タンミに特別な運動をさせました。この運動をすることで、よだれを抑制し、バランスをとってしゃがむことができるようになり、骨盤の動きを制御し、足の運びがスムーズになるといいます。少しでも良くなることを願って、毎日タンミを外に連れ出して歩かせました。

私はタンミの世話とオフィスの仕事で毎日を忙しく過ごしていましたが、それでも忘れることなく毎日タンミにセラピーを施しました。数か月すると、タンミの症状は回復してきました。異臭のする唾も出なくなり、歩くバランスも養いました。

仕事の忙しさが一段落してきたとき、ジョソールに運動療法施設がないか探しました。私は彼女をヌリットビタンという踊りの教室に通わせることにしました。踊りを通して身体機能を向上できると思ったからです。そして実際に、踊りを習うことで身体能力とバランス感覚が養われました。踊りの先生はタンミに、基本的な体位と、歌に合わせて踊る簡単な振り付けを教えました。その成果なのか、突然タンミは一人で買い物に行くこともできるようになったのです。驚くべきことでした。学校や踊りの教室にも一人で通えるようになりました。なんでも一人でできるようになったのです。

二〇一〇年、バステシェカというNGOが経営する施設に一人の理学療法士が配属されたことを知り、彼女は自分から行きたがりました。タンミがこの施設で受けたトレーニングは、以前にダッカのリハビリセンターで助言された方法と同じようなものでした。上半身と下半身をいろいろな方向に伸ばすこと、自転車に乗る練習、言葉をはっきりと発音する練習などです。バステシェカのディレクターであるアンジェラ・ゴメスが言うには、タンミはそれまで足のつま先を引きずりながら歩いていたので、足の爪が削れていました。そこで、アンジェラはタンミに踵をきちんと上げて歩くよう指導しました。するとタンミの歩き方が改善され、今では三〇センチほど飛び上がることもできるようになりました。それに、足の爪も伸び始めたのです。

タンミは私の自慢の娘に成長しました。忙しくても一日五回のお祈りを怠りません。毎晩寝る前に私の足をマッサージしてくれます。私が寝入ってしまったあとで、彼女も寝るのです。マッサージはしなくていいのよ、と何度も言って聞かせるのですが、タンミは聞きません。母親をいたわりたい気持ちが強いのでしょう。

私はいつもアッラーに祈っています。どうか娘を一人前の人間にしてくださいますように。

夢叶って結婚へ

タンミが生まれたときから、私はずっと同じ不安を抱えていました。タンミが結婚したら、

成長したタンミと著者（2013年12月）

私は一人ぼっちで暮らすのでしょうか。そんなときが本当に来るのだろうか。私はいつも娘の将来と自分の将来を心配していました。

大切に大切に育てた一人娘
突然私をひとり残して、どこかへ行ってしまうの
自分の家族を捨て、別の家族の娘になるの
お前のことを思って、心はいつも泣いている
いつも私のそばにいたのに、今はもういない

こんな思いを口にする日がいつか来るのではないかと思っていました。そしてタンミは思春期を迎え、今や立派な娘に成長しました。もう、いつまでも家に留めておくわけにはいきません。

カレッジに通わせようともしましたが、実現しませんでした。手の力が弱く、うまく字が書けないのです。学校の先生たちはその事情を汲んでくれず、結局入学試験を受けることができなかったのです。この国には、特にジョソールのような地方の街には、タンミのような娘が学問を続けるための施設がありません。だから私は娘の結婚について考えるようになりました。

子供のために、よりふさわしい結婚相手を探すことは、この国のすべての親の一番の悩みの種です。私も娘の母親として、当然同じ悩みを持っていました。どうにか近いうちにタンミに良い人を見つけたい、そう強く願っていました。

親戚の人々は、タンミには障がいがあるので、いい相手が見つからないだろうと言ったりもします。タンミが聞いたら傷つくでしょう。だから私は彼らからも距離を置いています。いい相手が見つかるまでは娘は結婚させない。娘が心から信頼できる旦那さんでなくては、と考えています。

アッラーが私と共にいます。私は一日五回のお祈りを欠かしたことがありません。時には声を上げて特別な祈りを唱え、アッラーに懇願もしました。

「ああ、主よ、神よ、私の守護者よ、私には両親がおりません。私と娘を守ってくれ、導いてくれるのはあなたしかいません。主よ、あなたが私の守護者であり、あなただけが私の願いを聞いてくれます。私は自分のためには何も望みません。私の両親と娘のためだけに祈ります。主よ、どうか私の両親に天国の安住の地を与えてください。そして、私の娘によい婿を授けてください。娘を理解し、大切にする婿を。私のように彼女を愛し、守ることができる婿を。ああ、アッラー、あなたにはすべてが可能です。どうか私の願いを聞き入れてください」

タンミは美しい娘です。彼女の容姿を見て、好きになる男の子もたくさんいました。遠くからやってきて結婚を申し込む人も少なくなかったのです。しかし、私が気に入る相手はいませんでした。

二〇一四年十二月、私とタンミは引っ越しをし、ジョソール市内のミッション・パラという地区に移り住みました。そこでタンミはロビウル・イスラム（リポン）と出会いました。リポンの実家はシャムタの隣のテングラ村でした。私は自分の実家のあるシャムタか近隣の男性がいいだろうと思っていたので、彼のことが気に入り、ぜひ婿に迎えたいと思いました。

二〇一五年の六月、タンミはひどく体調を崩し、入院することになりました。リポンが見舞いに来ると、タンミの体調は回復し、次の週には退院して家に戻ることができました。すると、リポンはタンミの様子を見るために私たちの家にもやってきました。私はそこで彼の素性を詳しく知ることができたのです。彼のお祖父さんはジャムトラ・ハイスクールのバングラ語の先生で、私も教えてもらったことがある方でした。父親は同じ学校の下級生でした。私はリポンの家族のことをよく知っていましたが、母親だけは別の地域から嫁いできた人なので知りませんでした。

その月の末、私たちは再び引っ越しをしました。ミッション・パラの家に来てから、私もタンミもどうも体調がすぐれず、環境を変えようと思ったからです。砒素センター近くの新しい家に引っ越した頃、ダッカに住む男性がタンミに求婚をしましたが、私はそれを断りました。タンミには障がいがあります。私はできるかぎり彼女のそばにいて、支えになってやりたいのです。その一週間後、今度はリポンが正式にタンミに結婚を申し込みました。私は彼の申し出

タンミとリポンを囲むアジア砒素ネットワークのスタッフ

を受け入れ、両親を連れて来るようにと言いました。ところが、彼の父親は外国で働いていて、今は祖父が父親の代わりをしているそうです。私は国際電話で父親と話をしました。

「アパ、私が外国にいる間、息子はあなたの息子です。あなたの言うことを聞くように息子には言ってあります」と、リポンの父親は短い言葉で言いました。

二〇一五年八月二十一日、タンミとリポンは婚姻届を提出しました。リポンの父親が帰ってきたら、結婚式を挙げることになっています。ですが、その前に一度、二人のために小さなお祝いができればとも思っています。

リポンは二〇一五年に高等教育証明の試験に合格し、これから大学の入学試験を受けようとしています。今はタンミもリポンも私と一緒に住んでいるのですが、タンミはまだ三人での生活に慣れていないようです。私が甘やかしすぎたのでしょう。リポンが私のことをアンム（お母さん）と呼び、私の手から物を食べると、タンミはやきもちを焼くのです。母親を取られた気持ちになるのでしょう。

ある日、夕方のお祈りの時間に、タンミがしくしくと泣いていました。どうして泣いているのか聞くと、さらに大きな声で泣き出しました。

「お母さん、私のことよりもリポンのことが大切なのね。彼にばかり優しくするのはなぜ？」

それを聞いたリポンも泣き出しました。

「君のお母さんは僕のお母さんでもあるよね？　お母さんって呼んだらダメなのかい？」

私は泣いている二人を前にため息をつきました。そして言いました。

「分かったわ。リポンはこの家から出て行きなさい。そうしたら、もうタンミのお母さんのことをお母さんって呼ばないでしょう」

二人は私が本気で言っていると思ったのでしょう。「ごめんなさい。もうやきもちは焼きません。お母さんは私たち二人のお母さんです」と反省をしました。それでも、タンミは私に抱きついて、「だってお母さんを誰にも取られたくなかったの」と甘えてきました。このまだ大人になりきれていない娘と息子が今の私の家族です。

タンミにできるだけの教育を受けさせるというのが私の長年の願いでした。将来に役立つ学歴があればと思っていました。しかし、勉学は途中で諦めざるを得ませんでした。だから、娘の夫が大学に行き、高い学歴を身につけることを期待しています。

アッラーは私の願いを叶えてくれました。リポンの父親は、自分が外国にいる限り、リポンとタンミを私のそばに置いてよい、と言ってくれました。私は幸せ者です。夢が叶いました。私はタンミが将来も安心して生活できるよう、できるかぎりリポンの学業を応援しようと思っています。

世界で最初の砒素センター

一九九七年にアジア砒素ネットワークが初めてシャムタ村で砒素汚染調査を行ったときから、私たちには夢がありました。シャムタ村に砒素センターをつくり、そこで砒素中毒患者が定期的にヘルスケアを受けられるようにしたいという夢です。一九九八年十一月に、私は横浜で開かれたフォーラムに参加し、自分の発表の中でこの夢について話しました。日本から戻ってきて、私はずっと夢が叶う日を待ち続けていました。

一九九九年に、シャムタ村のＰＳＦの建設が終わると、砒素センター建設についての話し合いが始まり、ＰＳＦの隣の空き地を建設地として選定しました。ところがシャムタの土地は十分な広さがなく、別の場所の方が良いだろうということになりました。そして、郡レベルの施設ではなく、県レベルのセンターにした方が、より多くの患者が訪れることができ、かつ多くのスタッフを雇うこともできるようになる、という意見でまとまりました。

砒素センター

二〇〇七年三月、アジア砒素ネットワークのスタッフがそれぞれ一か月分の給料を出し合い、総額八〇万タカ（当時一タカ＝一・七円）を集めて一二九〇平方メートルの土地を購入しました。ジョソール・ベナポール道路沿いにあるクリシュノバティという村です。私も一か月分の給料で貢献しました。

土地の購入が終わると、六〇三万三六三〇タカを集め、砒素センターの建設が始まりました。このうち八〇％は日本からの寄付によるもので、残りの二〇％はバングラデシュのスタッフが集めた寄付によるものです。二〇一〇年に一階部分と二階の半分ができると、ジョソール事務所を、それまでのループ・アナン・アパートから、ここへ移しました。

二〇一二年七月に二階の残り半分ができ、二〇一三年十月には宮崎県の松尾鉱山砒素中毒被害者の基金から贈られた六三五万円の寄付金をもとに、三階部分が建設されました。こうして一階がオフィスと医療相談室、二階が分析機器の整ったラボラトリーとトレーニング・ルーム、礼拝部屋、食堂、調理場、そして三階がゲストハウスとして使われるようになりました。

砒素センターは、砒素中毒患者や支援者などさまざまな関係者が集まり、砒素汚染対策のための経験や知識、そして技術などを分かち合うための場として建設されました。私たちが自分たちで協力し合って作り上げたものです。今はおよそ二十人のスタッフがここで働いています。毎月ダッカからアクタール先生がやってきて砒素中毒患者を診察し、必要ならば治療もしてくれます。砒素センターができたことで、この地域の砒素中毒患者は定期的に治療を受けることができるようになりました。私たちの夢が実現したのです。

砒素センターは美しい自然に囲まれて建っています。南西側には緑色の田んぼが広がり、北東側にはクリシュノバティ村の家々が点在しています。風で稲穂が揺れると、なんとも言えない平穏な気分になります。毎朝九時にオフィスにやってきて、夕方五時まで働きます。私たちが帰ると砒素センターは、しんと静まり返り、翌朝私たちが現れるのを待っています。毎朝私たちがオフィスにやってくるのを喜んでいるようです。

現在、私は砒素センターの受付で働いています。正面入り口を入ってすぐのところに、私の机があります。毎日さまざまな来客に対応し、パソコンに来訪の目的などを入力します。受付業務がこんなに大変で、責任のある仕事だとは知りませんでした。いつ誰がどんな目的で訪れたのかをすべて記録し、マネージャーに報告します。それに加え、ラボラトリーでの作業補助や会計の補佐など、さまざまな仕事を任されています。アクタール先生が患者を診察する際には、先生のアシスタントを務めたり、患者の世話をしたりもします。

砒素センターは、南アジアどころか、世界ではじめての総合的な砒素汚染研究と対策および砒素中毒患者の健康管理のための施設です。それがバングラデシュにつくられたのです。しかも、それが私の故郷シャムタ村のあるジョソール県にあることを、私はとても誇りに思っています。政府が同じような施設をつくるはずだったと聞いたことがあります。しかしどうでしょう、未だに砒素センターといえば、私たちアジア砒素ネットワークが設立したこの砒素センターしかないのです。私たちは誰よりも早く砒素汚染の問題に気づき、長年、砒素汚染の改善に取り組んできました。その活動の最大の成果がこの砒素センターの設立です。

砒素センターの敷地の東側に、私たちの大好きな上野登先生が眠っています。上野先生は、土呂久鉱山の砒素汚染問題に村人と一緒に取り組んだあと、アジア砒素ネットワークの代表として活動された方です。七十歳を過ぎてもバングラデシュを訪れ、私たちと共に砒素汚染対策に取り組んで、二〇一四年二月に八十七歳で亡くなられました。

砒素センターの設立は、上野先生の長年の夢でもありました。自分が死んだあと、センターの敷地に散骨してほしいと遺言されたそうです。その年の九月、長男の進さんが小さな壺を抱いて砒素センターを訪れ、門のそばに骨粉を撒いて、その場所に香りのよい白い花をつけるボクルの木を植樹したのです。

三度目の全井戸調査

シャムタの村人は安全な水を飲むようになっているのでしょうか？　そのことを知るために、アジア砒素ネットワークは二〇一五年十月に、一九九七年三月と二〇〇二年六月に次ぐ三度目の、すべてのチューブウェルの砒素濃度測定と、安全な水を供給するために建設された公共水源の状況を調査しました。調査は十月一日に開始され、化学者のシャミムさん、カンさん、ワリウッラさん、そしてハキム、クッドゥス、カマルジャマンが水質検査を担当しました。シャムタ村とデウリ村の十名の若者も協力し、私もスーパーバイザーとして参加しました。

朝十時に懐かしいあの場所に到着しました。アジア砒素ネットワークの活動が始まったシャムタ村のマドラサです。車から降りると、親しかった人たちの顔が一人ずつ浮かんできました。彼らの多くは、もうこの世にいません。私の父母、長兄もそうです。特に、砒素中毒患者でありながら私の手で救えなかった長兄のことを思うと、涙が溢れて止まりません。

私は涙をこらえて、これから始まる仕事に集中しようとしました。そして、シャムタ村を砒素汚染から救うことを改めて誓いました。これから生まれてくる子供たち、そして今の若い世代を私は信頼しています。私はいつも若者たちに言っているのです。あなたたちががんばらなくては不治の病を追い出すことができないのよ、と。

フィールド・キットを使って水質調査を行うトレーニングが始まりました。シャミムさんが手際よく指導しています。私はトレーニングを受ける若者たちを二十年近く前の自分の姿に重ねながら、思わず微笑んでしまいました。

トレーニングが終わると、水質の測定が始まりました。その日はひとまずジョソールに戻り、次の日はジャムトラと、その南のパラに向かいました。シャムタ村をくまなく巡ると、まるで、すべての村人が自分の家族や親戚のように感じました。久しぶりに私の姿を見て、村の人たちも喜んでくれました。特に年老いた村人たちは私の頭や体をなで、これまでがんばったなと励ましてくれました。

調査の結果がまとまると、二〇一五年十二月十三日に、その内容を報告する集会が開かれました。アジア砒素ネットワークからは川原さん、トルン、ジョイヌル、クッドゥス、カマルジャマン、そして私が参加しました。また、シャムタ村のユニオン議長であるイリヤス・コビル・ボクル、公衆衛生工学局シャシャ郡事務所長のアノワル・ホセン、ユニオン議員のアクバル・アリ、モスクのイマム（宗教指導者）であるファルク・ハッサン、そして村の有力者や砒素中毒患者なども集まりました。

この集会で川原さんは、一九九七年、二〇〇二年、そして二〇一五年に行った、すべてのチューブウェルの水質調査の結果を比較しました（表参照）。

この表を見ると、飲料水基準の五〇ｐｐｂ以下の安全なチューブウェルと、それを超える

■表　チューブウェルの水質調査の結果

調査年月日	総人口（人）	世帯数（戸）	調査した井戸数	安全な井戸数	安全でない井戸数	使用したフィールド・キット
1997年3月	3,500	682	282本	30本（11%）	252本（89%）	ヒロナカ・キット
2002年6月	3,526	809	296本	41本（14%）	255本（86%）	NIPSOM キット
2015年10月	4,070	988	690本	62本（9%）	628本（91%）	HACH キット

チューブウェルの割合はほとんど変化がありませんが、その総数が急激に増加していることが分かります。一九九七年に二八二本だったチューブウェルの数が、この十八年の間に二倍半近く増えて六九〇本になっていました。砒素に汚染されていることが分かっていても、洗濯や食器洗いや体を洗うのに、どうしても家の近くにチューブウェルが必要だから掘るのです。

政府やＮＧＯなどが、安全な水を供給する公共の水源を建設して、砒素に汚染された個人の家のチューブウェルの水を飲まないように指導してきました。シャムタ村には、安全な水を提供する公共の水源として、ディープチューブウェルが三十九本、ＰＳＦが一基、砂フィルター付きダグウェルが五基、そして手押しポンプ付きのダグウェルが一基つくられていることも分かりました。三十九本のディープチューブウェルの水を分析した結果は、砒素濃度が五〇ｐｐｂ以下で安全なものが三十五本（九〇％）、五〇ｐｐｂを超えるものが四本（一〇％）でした。

村人が自分の家に設置するチューブウェルは、安い金額で掘削できる浅井戸です。そして、浅井戸の水は高い割合で砒素に汚染されています。深い地層から水を汲み上げるディープチューブウェルは砒素に汚染されている割合はきわめて低いのですが、掘削に費用が掛かりすぎるので村人が個人的に設置することは難しく、政府やNGOなどが公共の場所に設置しています。手軽に設置できる個人用のチューブウェルが急激に増えたため、村の中の安全でない井戸の数も増加したのです。

一九九九年にアジア砒素ネットワークと国立予防社会医学研究所の支援で建設されたPSFは、飲用と料理用の水を供給するためのものです。五十世帯あまりが利用することになっていて、彼らがお金を出し合って維持管理を行ってきました。乾季に池の水が涸れてしまうので、池の掘り直しもされました。また、五基の砂フィルター付きダグウェルを建設しましたが、そのうちの四基は廃棄されており、残りの一基は利用者組合の都合で使用されていませんでした。

公衆衛生工学局が設置した手押しポンプ付きのダグウェルも一基ありますが、それもこの十か月ほど利用されていません。利用者に理由を聞くと、PSFや砂フィルター付きダグウェル、手押しポンプ付きのダグウェルは利用勝手が悪いと言います。PSFの水には池の汚れが残っていたり、砂フィルター付きダグウェルの水には鉄分が含まれ、手押しポンプ付きのダグウェルの水は汚れていたりするからだそうです。フィルターの砂利や砂を掃除するのが面倒だとも言います。だから手軽に利用できるディープチューブウェルの利用を好むのです。

ディープチューブウェルに慣れてしまうと、フィルターを使った代替水源の利用は難しくなるようです。そこで、アジア砒素ネットワークはJICAから受託したプロジェクトで、シャ

シャムタ村の集会で報告する著者

シャ郡の隣のジコルガチャ郡のユニオン議会が水監視員を雇用し、公共の水源に何か問題が発生するとすぐに飛んで行って対処する、という仕組みをつくりました。その仕組みを維持するために、利用者組合は月々の利用料を支払います。川原さんは、この制度を通して、これまでに建設された公共の水源が問題なく継続して使われていくことを願っていると強調しました。

取り残された女性たち

安全な水源をつくることに成功したシャムタ村ですが、新たな問題も出てきています。私は調査の合間に、村人からの聞き取りを通して、今でも砒素に汚染された水を飲んでいる家庭があることを知りました。

その理由は以下の通りです。
一、他の村からシャムタ村に嫁いできた女性たちは砒素についての知識がない。
二、新しいチューブウェルを掘れば砒素は出ないと思っている人たちがいる。
三、ディープチューブウェルが家から遠くに設置されている家庭では、道が悪くなる雨季に水を汲みに行くことができない。
四、肉体労働をする男性たちは冷たい水を飲みたいあまり、チューブウェルが砒素に汚染されているにもかかわらず、近くにあるので飲もうとする。
五、家庭によっては遠くまで水を汲みに行ける若い世代がいない。
六、女性たちの多くはバザールやモスクなどの公共の場に設置された安全な水源に近寄ることができない。
七、米や野菜を洗うのに砒素に汚染された水を使用しても問題がないと思っている人たちがいる。
二〇一五年までに、安全な水を供給するために五十基近い公共の水源がつくられたのに、まだ砒素に汚染された個人の家のチューブウェルの水を飲む人がいるのです。

そして、すでに砒素中毒にかかってしまっている患者たちの憐れな状況は変わりません。あたりの空気を重くする泣き声は、まだシャムタからなくなってはいないのです。

年老いた患者たちは、十分な治療を受けられず、貧しさからまともな食事をとることもできていません。砒素センターでは、アクタール先生が月に一度訪れて診療をしますが、それでは十分とは言えません。遠くに住む患者たちは、数十タカ（二〇一六年現在一タカ＝一・四円）のバス代すら払えず、センターに来ることができないのです。

シャムタに存命する砒素中毒患者の多くは女性で、すでに夫を亡くしています。毎月ジョソールの砒素センターで健診を受けて薬局で薬を買うのに、処方箋代に二〇タカ、軟膏代に五タカ、飲み薬代の二〇％の自己負担、そして往復の交通費で一三〇タカ、昼食代や雑費で五〇タカなど、一人当たり四〇〇～四五〇タカほどかかります。年老いた未亡人たちが、毎月この費用を工面することは簡単なことではありません。病気のため、できる仕事も限られています。彼女たちを雇ってくれるところはほとんどありません。使用人として他人の家で働いたり、男性と一緒に田畑の仕事を手伝ったりすることもありますが、それで自分一人がなんとか食べていくのが精いっぱいです。

一九九七年に国立予防社会医学研究所の医師らは村の各家庭を訪れて調査をし、三六三人の砒素中毒患者を特定しました。その内訳は、軽度の患者二〇一人（五五％）、中度の患者一三八人（三八％）、重度の患者二十四人（七％）でした。

二〇〇五年から二〇〇八年にかけて実施したバングラデシュ政府地方行政局と日本のＪＩＣＡのプロジェクトでは、シャシャ郡病院の医師たちがシャムタ村で二四二人の砒素中毒患者を特定しました。このプロジェクトの間に、安全な水を飲んだり薬で治療を行ったりして、症状に改善が見られた患者は五十八人（二四％）、症状が変わらない患者一六八人（六九％）、症状が悪化した患者十六人（七％）が確認されました。

それ以後、砒素センターで健診を続けてきたアクタール先生は、もう一度シャムタ村でメディカル・キャンプを実施しようと考えています。正確な砒素中毒患者の数を特定し、患者の症状の変化を知ることで、現在のシャムタの砒素汚染が健康に及ぼす実態を把握して、適切な治療やアドバイスを与えることができるでしょう。

私は、二〇〇〇年一月から二〇一六年二月までの間に亡くなった砒素中毒患者のリストを作成してみました。何人かの患者については、すでにみなさまにご紹介しました。彼らを含めて、亡くなった方々は三十七名になります。そのうち男性は二十八名、女性は九名です。そして、夫を砒素中毒で亡くした女性は十七名います。しかし、この十七名に、二〇〇〇年以前に夫を亡くした女性の数は含まれていません。

みな、私にとって子供の頃から親しい付き合いのあった人たちばかりです。私の義理の姉さんもいます。だから、遺族の方々の気持ちもとてもよく分かります。私は、夫や両親を亡くした人たちに寄り添い、支援していきたいと思っています。

大きな問題の一つは、夫を亡くした女性たちの多くが、自ら砒素中毒を患っていることです。収入がないので、食事代を削っても薬や衣類を買うお金を都合することすらできません。他人の家の家事や畑仕事を手伝おうとしても、体力のない彼女たちが仕事を得られる機会は多くありません。彼女たちはなすすべもなく、ひたすら雨を待つチャトック鳥のように幸せな日々が戻ってくるのを待ち焦がれるしかないのです。

私がシャムタ村に帰ると、彼女たちは日々の徒労を吐き出します。そうすることで少しばかりはすっきりとするようです。そして、「私たちにできる仕事を見つけてちょうだい」、「仕事をしてお金を稼がなくちゃ」と口をそろえて私に訴えるのです。

シャムタの若者に期待

一方で、患者のいない家庭の暮らしは確実に豊かになっています。かつて土で作られていた家はレンガ造りに変わり、どの家にもテレビがあり、みな携帯電話を持っています。チューブウェルは今ではほぼ全世帯に設置されています。テレビ、携帯電話、そしてチューブウェル、この三つをローンで購入するのです。現在の村人の生活に欠かせない三つといえるでしょう。みなさんが、不治の病の原因が砒素だと分かった当時のイメージをもってシャムタ村を訪れたら、きっと現在の状況との違いに驚くことでしょう。

私は今の村の教育事情に大変満足しています。親たちは、「教育を受ければ経済的に豊かになる」ということを分かっています。だから、自分は苦労しても、なんとかして子供たちを学校に行かせるのです。女の子たちも、もう家の中でじっとしていません。彼女たちが、女の子だって男の子に少しも劣らないということを証明してみせています。その日暮らしの貧しかった家族から、びっくりするくらい高学歴の子供たちが育っているのです。こんなに喜ばしいことがあるでしょうか。

ある例を挙げましょう。あるとき私はバスで移動していました。すると突然、「お元気ですか？」と近くに座っていた青年に声をかけられました。私は返事をし、ついでに青年の出身と父親の名前を聞きました。青年は、出身はシャムタ村で親は誰々だと答えました。青年の両親は私の知り合いでした。兄弟は何人かと聞くと、兄が二人と妹が一人いると言います。長兄はダッカ大学の病理学部を卒業して仕事についており、次兄はラジシャヒ大学でビジネス学を専攻し、妹は高等教育証明の試験をパスして結婚し、青年はジョソールのカレッジで英語を専攻しているそうです。私が子供の頃、彼の親や親戚は家が貧しくて、誰も学校に行きませんでした。そんな家の子供たちでさえ、大学に通えるようになったのです。これこそが、この国が発展してきたことの確たる証拠でしょう。

一九九八年以降、シャムタでは新しい砒素中毒患者は見つかっていません。村の若者や子供たちは、間違っても砒素に汚染された水を飲んだりしません。砒素について詳しく知らなくても、チューブウェルの水は飲んではいけないことを知っています。この若い人たちが、村の砒素汚染を解決してくれるでしょう。なぜなら、彼らは十分な教育を受け、強いリーダーシップで村人を導くことができるはずだからです。

シャムタ村の若者たちと著者

私は、砒素汚染のないシャムタ村をこの目で見たいと思っています。砒素汚染は世界のさまざまな地域にも見られ、たくさんの死者を出すという恐ろしい歴史を生みました。今度はシャムタ村が、砒素の病に打ち勝ち、新しく明るい歴史をつくり出す番です。私たち、そしてシャムタの若者たちがそれを成し遂げること、それが私の望みです。

訳者あとがき

松村みどり

バングラデシュで『シャムタ』が出版されたのは二〇一三年十一月のことです。ダッカの出版社からベンガル語で出版されました。アジア砒素ネットワークのダッカ事務所で、刷り上がったばかりの本を受け取り、私はさっそく読み始めました。当時、ダッカのベンガル語学校に通っていた私は、プライベート・レッスンの教材のひとつとして、先生の力を借りながら『シャムタ』を読み進めました。謎の病で死んで行く村人、著者が育ったおとぎ話のような村の生活、突然外部の人間から言い渡された「砒素」という名の脅威、そして始まった砒素汚染対策活動。モンジュとは十年来の知人ではあったものの、改めて波乱万丈な彼女の人生を知り、シャムタの村人を救うべく奮闘してきたその勇気と情熱に感銘を受けました。そのことをモンジュと川原一之さんに伝えて、『シャムタ』の日本語訳を担当することになったのです。

ベンガル語で出版された『シャムタ』は、モンジュの子供時代から現在に至るまでの壮大な自叙伝です。母親から聞いた祖父のエピソードや自分の恋の物語、娘タンミの成長、そして砒素中毒患者や亡くなった村人たちの個人的なエピソードについて多くのページが割かれています。原作のままで翻訳すれば、一般の人が手に取るのをはばかるような分厚い本になっていたことでしょう。『シャムタ』の日本語訳は、モンジュが日本のみなさん、とくに若い世代に向けて伝えたい部分を中心に再編集したものです。

モンジュは同年代の村の女性としてはめずらしくカレッジ（日本の高校程度）までの教育を受けていますが、コーランと教科書以外は読んだことがありませんでした。そんな村の女性が自分自身の人生について書き記し、それが出版されるなど快挙といってもよいでしょう。ダッカで毎年催される盛大なブックフェアに招待され、大勢の観客の前で自分の本を紹介する機会もありました。

翻訳に取り掛かっている間に、モンジュの長兄ジョホール・アリが亡くなりました。そして、ベンガル語版では「砒素を打ち負かした娘」として登場するレヌも、息子を残して夢半ばで死んでしまいました。モンジュはすぐに筆を執り、兄への長い追悼文と、レヌの最後の日々を書き足しました。モンジュが必死の思いで書き続けるのは、さもなければ忘れ去られてしまう村の悲劇と、半生を捧げて取り組んだ砒素汚染対策の成果と課題をより多くの人々に知ってもらいたいからです。

モンジュは去年（二〇一六年）、ジョソール市内のアパートを引き払い、シャムタ村に引っ越しました。結婚し子供をもうけた娘タンミのためにシャムタに家を建てたのです。シャムタに戻ったことで、モンジュは再び村の砒素中毒患者のそばに寄りそうことになりました。しかし、もうプロジェクトは行われていません。ジョソール市の砒素センターに行けば薬を処方してくれますが、体力的にも経済的にも砒素センターを訪れるのが困難な患者ばかりです。どうしていいのか分からない、毎日頭を痛めている、とモンジュは時折電話をしてきます。

バングラデシュの辺境にある小さなシャムタ村にも、少しずつ近代化の波が寄せています。ダッカなどの都市部では無計画な開発が進み、川が埋められ、木々が切り落とされ、あちらこちらにゴミが散乱しています。日本もいつか通った道です。国が発展していく過程に自然破壊はつきものなのかもしれません。しかし、深い緑の広がる田園風景、海のように雄大な川、動物と人間が調和して暮らしている村の生活を目にすると、どうかこのまま時間が止まって欲しい、と勝手ながら切望せざるを得ません。

しかし、モンジュは明るい気持ちで村の将来を若者たちに託します。もう、村人の病を天罰だと考える盲信的な時代は終わりました。モンジュが自分の足で村を回り、自分の言葉で村人を説き、暗いトンネルの中にいるような日々を終わらせたのです。正しい知識を持った若者たちが、シャムタ村をより良いものにしてくれるとモンジュは信じています。そして、日本の若者が再びシャムタを訪れ、村人たちとの友情を築くことを望んでいます。

最後に、翻訳を進めるにあたってさまざまなご教示をいただいたベンガル語学校のアンソニー・ショルカル先生、シャムタ村の患者多発地の図を描いてくださった高村哲さん、本書に掲載した写真を提供してくださった川原さん、そして本書の出版を引き受けてくださった海鳥社の西俊明さんに心から感謝いたします。

二〇一七年四月　ダッカにて

シャムタへのいざない

川原一之

ビートルズの四人のメンバーの一人ジョージ・ハリスンが、まるで好きな人の名をいとおしむように歌う「バングラデシュ！　バングラデシュ！」の声とともに、新しく誕生した国の名前は世界中に広がっていきました。パキスタンから独立したばかりの新生国が、猛烈なサイクロンに襲われ、洪水につかった国土に疫病と飢餓が蔓延したとき、国際的な救援を呼びかけて開催されたニューヨークでのコンサートで、ジョージが初めて披露したのがあの歌でした。

　それから二十五年後の一九九六年、私は日本のＮＧＯアジア砒素ネットワークのメンバーとして、耳によみがえる「バングラデシュ！」の歌声に励まされながら、救援を待つ村々を回っていました。ジョージが歌ったのは、洪水で苦しむ人々のためでしたが、私たちを待っていたのは、原因不明の謎の病に苦しむ人々でした。その病に襲われた村々の中で、もっとも貧しく、もっとも深刻で、もっとも強烈な印象を残したのが、ジョソール県シャシャ郡シャムタ村でした。私たちは、原因調査と対策のモデル地としてシャムタを選ぶと、この村でさまざまな活動をおこなって、その成果を他地区へ広げていくことにしたのです。

シャムタ村に生まれたモンジュワラ・パルビン（愛称モンジュ）は、原因不明の病気で次々に倒れていく隣人を見て育ちました。はるばる海を越えてやって来た日本人が、村人を苦しめる病気の原因は井戸水に含まれる砒素だと明らかにし、安全な水の供給に努力する姿に共感して、アジア砒素ネットワーク最初の現地スタッフになります。イスラム教徒が人口の九割をしめ、女性が社会に出ていくことの困難なバングラデシュで、男性たちにまじって、活動範囲を周辺の村に広げながら、患者の支援と啓発に奔走しました。

そのころ世界銀行など国際機関による協力が始まり、バングラデシュ国内に基準（五〇ｐｐｂ）を超える砒素を含む水を飲んでいる人が三千万を超えることがわかりました。国民五人に一人が有毒な水を飲んでいたのです。約六万人の砒素中毒患者も確認されました。井戸水砒素汚染は、バングラデシュにとどまらず、中国、ベトナム、カンボジア、ミャンマー、ネパール、インド、パキスタンなど、アジアの国々で次々と社会問題化します。国境を越えた砒素汚染地に共通するのは、どこもヒマラヤ山脈を源流とする大河の流域だということでした。

砒素の起源が、ヒマラヤ山脈である理由はこんなふうに説明されます。約四千五〇〇万年前、漂流していたインド亜大陸とユーラシア大陸が衝突し、ユーラシア大陸の南にあったテチス海が隆起してヒマラヤ山脈ができました。もとは海底だったヒマラヤ山脈の岩石には砒素が含まれていて、長い年月の間に風化し大河で運ばれ、その流域に堆積しました。近年、チューブウェルで地下水を汲みあげて飲用や灌漑用に使うようになったことで、地下に眠っていた砒素が地上にでてきたのです。世界銀行の報告書（二〇〇五年）は、アジアで基準を超える砒素汚染水を飲んでいるのは六千万人、砒素中毒患者は七十万人と推計しています。地下水の砒素汚染は、アジアの重大な環境問題の一つになったのです。

アジア砒素ネットワークは、その対策として、住民に砒素汚染に関する理解を広げ、患者に適切な治療をおこない、安全な水を供給する施設をつくり、その施設を維持管理するシステムをつくりました。モンジュが担当したのが住民への啓発活動です。自分も同じ病気にかかっていただけに、「私たちのようにならないで」という呼びかけは説得力をもち、聞く人の胸を打ちました。感心した私は「シャムタで経験してきたことを書いてみないか」と勧めました。書かれた文章を読んでみて、一流の語り手であるモンジュが、村の歴史をいきいきとえがく書き手でもあることを知りました。自然につつまれた伝統的な村の暮らし。その村を襲った原因不明の病気。次々と世を去っていく患者と家族の無念。克服するために始まった国際協力。それでも光明の見いだせない長くて暗いトンネル。村育ちの女性が、感性豊かな文章で苦悩する村人の心に光を当てて、確かな記憶にもとづく豊富なエピソードで構成された作品を生み出したのです。アジア各地に広がる地下水砒素汚染に苦しむ村人の視点で描いた稀有の記録文学の誕生です。

このたび松村みどりさんによって日本語に翻訳され、海鳥社から出版される直前に、つらい報せが届きました。本書にたびたび登場するレザウルの左脚が壊疽にかかり、膝から下を切断したというのです。対策が始まって二十年が過ぎたのに、終着点はまだまだ見えません。砒素を克服する困難と闘いながら、さらなる救援を求めて「シャムタ！　シャムタ！」と故郷の名を呼ぶモンジュの声が、本書から聞こえてきます。ジョージが歌った「バングラデシュ！　バングラデシュ！」の歌声と響きあいながら。

（記録作家）

著者、訳者紹介

モンジュワラ・パルビン　1971年、バングラデシュ独立の年にジョソール県シャシャ郡のシャムタ村に生まれる。カレッジを卒業後、結婚、離婚、出産を経て、1997年から日本の国際協力ＮＧＯアジア砒素ネットワークのシャムタ村での活動に参加。1998年11月には日本を訪れて、横浜市で開催された「第3回アジア地下水砒素汚染フォーラム」でバングラデシュ代表として発表した。1999年8月にアジア砒素ネットワークの現地スタッフとなって、主に啓発担当として、村々をまわり砒素汚染対策の普及に尽力。自ら砒素中毒を患いながらも、砒素中毒患者に寄り添い、患者支援に奮闘してきた。

松村みどり　2005年、ジョソールを訪れアジア砒素ネットワークで活動していた著者モンジュワラ・パルビンに出会う。砒素汚染問題だけでなく、水に起因するさまざまな自然災害をたくましく乗り越えるバングラデシュの人々の姿に感銘を受けてきた。2012年よりダッカ在住。「川の国」と呼ばれるバングラデシュの独自の風土や世界観にベンガル語文学を通して触れることをダッカ生活の楽しみのひとつとしている。

特定非営利活動法人アジア砒素ネットワーク事務局
〒880-0014　宮崎県宮崎市鶴島2丁目9－6
みやざきＮＰＯハウス208
電話 0985(20)2201／ＦＡＸ 0985(20)2286
http://www.asia-arsenic.jp

バングラデシュ 砒素汚染と闘う村 シャムタ

■

2017年9月12日 第1刷発行

■

著 者 モンジュワラ・パルビン

訳 松村みどり

発行者 杉本雅子

発行所 有限会社海鳥社

〒812-0023 福岡市博多区奈良屋町13番4号

電話092（272）0120 FAX092（272）0121

http://www.kaichosha-f.co.jp

印刷・製本 株式会社西日本新聞印刷

［定価は表紙カバーに表示］

ISBN978-4-86656-012-0